essentials

essentials liefern aktuelles Wissen in konzentrierter Form. Die Essenz dessen, worauf es als „State-of-the-Art" in der gegenwärtigen Fachdiskussion oder in der Praxis ankommt. *essentials* informieren schnell, unkompliziert und verständlich

- als Einführung in ein aktuelles Thema aus Ihrem Fachgebiet
- als Einstieg in ein für Sie noch unbekanntes Themenfeld
- als Einblick, um zum Thema mitreden zu können

Die Bücher in elektronischer und gedruckter Form bringen das Expertenwissen von Springer-Fachautoren kompakt zur Darstellung. Sie sind besonders für die Nutzung als eBook auf Tablet-PCs, eBook-Readern und Smartphones geeignet. *essentials:* Wissensbausteine aus den Wirtschafts-, Sozial- und Geisteswissenschaften, aus Technik und Naturwissenschaften sowie aus Medizin, Psychologie und Gesundheitsberufen. Von renommierten Autoren aller Springer-Verlagsmarken.

Weitere Bände in der Reihe http://www.springer.com/series/13088

Christiane Kiefer

Genomevolution bei Pflanzen

Dynamiken im pflanzlichen Erbmaterial

Christiane Kiefer
Centre for Organismal Studies
Ruprecht-Karls-Universität Heidelberg
Heidelberg, Deutschland

ISSN 2197-6708 ISSN 2197-6716 (electronic)
essentials
ISBN 978-3-658-33024-8 ISBN 978-3-658-33025-5 (eBook)
https://doi.org/10.1007/978-3-658-33025-5

Die Deutsche Nationalbibliothek verzeichnet diese Publikation in der Deutschen Nationalbibliografie; detaillierte bibliografische Daten sind im Internet über http://dnb.d-nb.de abrufbar.

Planung/Lektorat: Sarah Koch
Springer Spektrum ist ein Imprint der eingetragenen Gesellschaft Springer Fachmedien Wiesbaden GmbH und ist ein Teil von Springer Nature.
Die Anschrift der Gesellschaft ist: Abraham-Lincoln-Str. 46, 65189 Wiesbaden, Germany

Was Sie in diesem *essential* finden können

- Grundlagen zum pflanzlichen Genom und der Vererbung bei Pflanzen
- Polyploidisierung und ihre Effekte auf das Geninventar
- Informationen zu strukturellen Chromosomenmutationen
- Repetitive Elemente und ihr Effekt auf Genomgröße und Genexpression
- Dynamische Genomgröße bei Pflanzen
- Pangenomics als Blick auf das Genom einer Art

Vorwort

In den Zellen eines jeden Organismus schlummert im Zellkern das Erbgut. Doch ist ‚schlummern' an dieser Stelle vielleicht der falsche Begriff. Das Erbgut, oder das Genom, liegt nicht einfach im Zellkern herum. Ständig werden Teile der langen, dicht verpackten DNA-Stränge aufgewunden um ein Ablesen und Kopieren der Erbinformation zur Proteinbiosynthese zu ermöglichen. Jedoch beschränkt sich das dynamische Verhalten des Genoms nicht nur auf das sich stetig wiederholende Ent- und Verpacken. Über längere, evolutionäre Zeiträume sammeln sich Mutationen an. Es werden einzelne DNA-Bausteine ausgetauscht oder gleich mehrere entfernt oder eingefügt. Diese Prozesse können die Funktion einzelner Gene beeinflussen, entweder da diese Mutationen Einflüsse auf die spätere Zusammensetzung der Anhand der DNA und dann RNA-Vorlage synthetisierten Proteine haben oder weil sich Stärke oder Zeitpunkt der Aktivität eines Gens verschieben. Dies sind jedoch immer noch kleine Einflüsse – es können auch statt einzelnen DNA-Bausteinen ganze Gene oder genomische Segmente kopiert und wieder eingefügt werden, sodass die kopierten Regionen einen ganz anderen evolutionären Weg einschlagen können und die encodierten Proteine ganz neue Funktionen entwickeln können. Speziell Im Pflanzengenom kann auch sämtliches Erbgut vervielfältigt werden, z. B. nach der Kreuzung zweier nah verwandter Arten. So kommt es zur Bildung von Organismen, welche nicht – wie auch wir Menschen z. B. – nur zwei Kopien des Erbgutes in ihren Zellen tragen, sondern vier, sechs, acht, zwölf oder noch mehr. Anders als viele tierische Organismen können Pflanzen die Vervielfältigung aller oder auch einzelner Chromosomen gut tolerieren! Aber es kommt nicht nur zu Verdopplungen unterschiedlichster Größenordnung, also vom einzelnen Gen bis zum ganzen Genom, auch kommt es zu kleineren oder größeren Umstrukturierungen. Chromosomen brechen und verbinden sich wieder und fügen die Chromosomenarme teilweise wieder umgekehrt an. Doch ist das das Ende der dynamischen Prozesse? Bei weitem nicht. Genome blähen sich in ihrer Größe auf und schrumpfen wieder. Schuld daran sind sich wiederholende Abschnitte, repetitive Elemente. Manche von ihnen sind Transposons und „springen" durch das Genom unter Vervielfältigung ihrer selbst. Dabei wird das ein oder andere Gen beschädigt oder sogar in seiner Position verpflanzt. Während in der Vergangenheit viele Daten über Veränderungen des Erbgutes mühsam zu erheben waren sind mit dem Aufkommen neuer Sequenziermethoden, also Methoden zum Ablesen der Erbinformation, unfassbare Mengen an Daten entstanden. Diese geben z. B. Aufschluss darüber, wie häufig Genomduplikationen eigentlich sind. Selbst Duplikationen, welche Millionen von Jahren her sind haben bis heute ihre Spuren hinterlassen und können so erkannt werden! Man kann erheblich genauer feststellen, welche Arten repetitiver Elemente zum Aufblähen von Genomen führen. Das Geninventar eines Individuums kann genau erfasst werden. Und plötzlich reift die Erkenntnis, dass ein Genom eine sehr individuelle Sache sein kann. Nicht jeder hat die gleichen Gene. Einen bestimmten Satz an Genen teilen sich die Individuen einer Art – doch darum herum gibt es teilweise erheblichen Spielraum. Und aus dem Genom eines Individuums, was die Art repräsentierte wird nun wirklich das Genom einer Art, der moderne Pangenom-Ansatz. Man darf gespannt sein, was für Einsichten und Erkenntnisse noch auf uns zukommen, wenn wir mithilfe sicher immer weiter entwickelnder Technologien immer mehr der dynamischen Prozesse verstehen, die unser Erbgut formen.

Christiane Kiefer

Inhaltsverzeichnis

1 Das pflanzliche Genom und seine Vererbung

1.1 Was ist ein Genom?

Die Information darüber, wie ein Organismus sich entwickelt und wie er funktioniert wird in der **D**esoxyribo**n**ukleins**ä**ure – der DNS oder DNA (engl. **D**esoxyribo**n**ucleic **A**cid) – gespeichert. In ihrer Gesamtheit bildet die DNA das Genom, welches im Zellkern vorliegt (Abb. 1.1a). Die DNA besteht aus vier Bausteinen, den sogenannten Basen: Adenin, Thymin, Cytosin und Guanin, abgekürzt A, T, C, G. Diese sind wiederum an ein Rückgrat aus Zucker (Desoxyribose) und Phosphat gebunden und bilden lange Ketten. Die Reihenfolge der vier Basen, welche gemeinsam mit einem Zuckerrest und einer Phosphatgruppe als Nukleotid bezeichnet werden, bestimmt, wie Eiweiße – Proteine – aussehen, d. h. welche Aminosäuren (die Bausteine der Proteine) in welcher Order zusammengesetzt werden. Die Anteile der DNA, welche für ein bestimmtes Protein kodieren, werden als kodierende Sequenz bezeichnet. Diese ist oft nicht kontinuierlich, sondern wird durch nicht-kodierende Bereiche, sogenannte Introns unterbrochen. Die kodierenden Bereiche hingegen bezeichnet man als Exons. Exons, welche für ein Protein kodieren und die dazugehörigen Introns werden als Gen bezeichnet (Watson et al. 2010). Damit aber wirklich anhand der DNA-Vorlage über die Vermittlung von Boten-RNA (mRNA) Proteine hergestellt werden können, muss ein Gen erst einmal aktiviert werden. Dies wird über nicht-kodierende Bereiche bestimmt, welche sich oft in unmittelbarer Nachbarschaft eines Gens befinden und als Promotor bezeichnet werden (Hernandez-Garcia und Finer 2013). Die Promotorsequenzen können unter Umständen mit sogenannten Enhancerelementen („Expressionsverstärker"; können zum verstärkten Ablesen eines Gens beitragen) zusammenarbeiten, welche sich mehrere tausend Nukleotide weiter weg befinden

C. Kiefer, *Genomevolution bei Pflanzen*, essentials,
https://doi.org/10.1007/978-3-658-33025-5_1

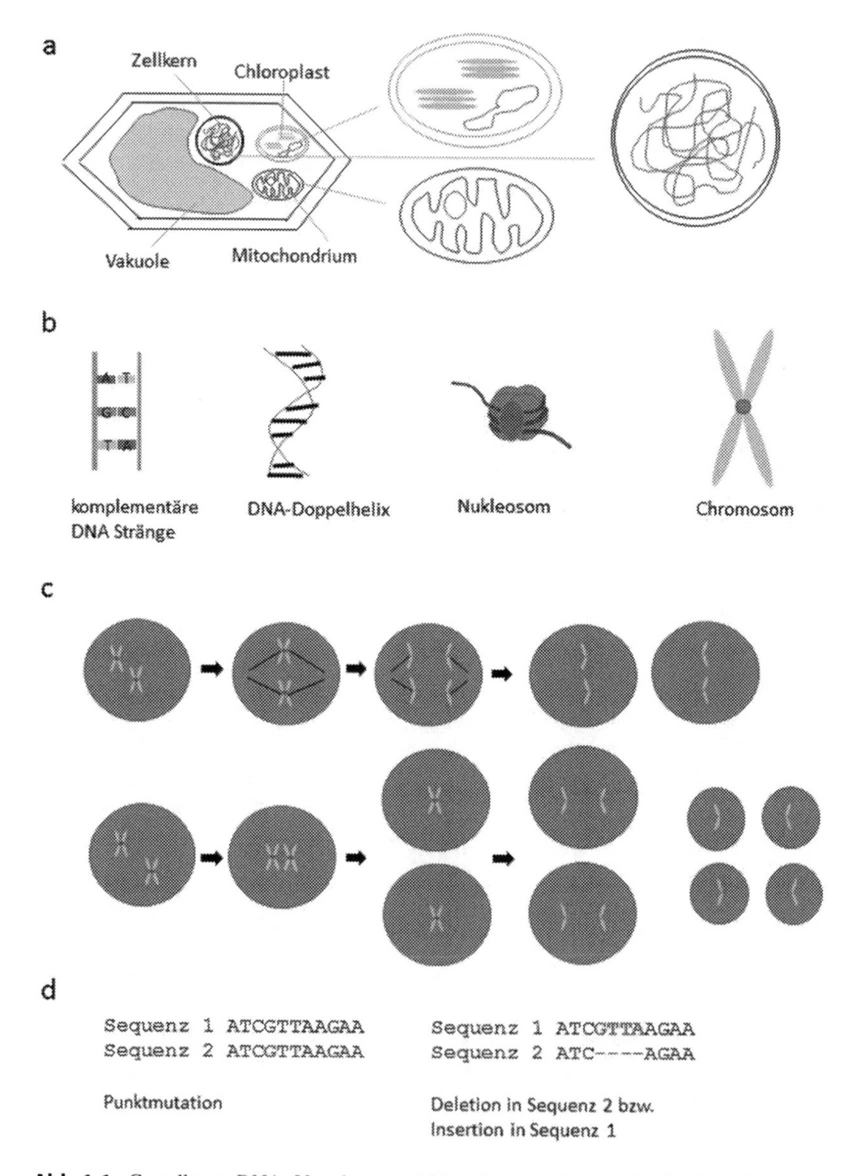

Abb. 1.1 Grundlagen DNA, Vererbung und Mutationen. **a** Schematische Darstellung einer Pflanzenzelle mit Zellkern, Mitochondrien und Chloroplasten, **b** Schematische Übersicht über DNA als Doppelstrang, Helix, Nukleosom und Chromosom, **c** Schematische Darstellung Mitose und Meiose, **d** DNA Mutationstypen

und nur unter bestimmten Umständen in die räumliche Nähe eines Gens gefaltet werden (Zicola et al. 2019). Der Promoter wird auch noch zum Gen hinzugezählt, genau wie ein nicht-codierender Bereich nach dem letzten Exon, welcher zwar Eingang in die mRNA findet, jedoch später nicht mit in die Proteinsequenz übersetzt wird. Zwischen den einzelnen Genen mit ihren Promotoren befinden sich weitere nicht-kodierende Abschnitte, welche jedoch oft keine – zumindest keine bekannte – Funktion haben.

Diese langen Abfolgen aus Genen und nicht-kodierenden Bereichen liegen als DNA-Stränge nicht einfach in den Zellen eines Lebewesens herum. Zuerst gibt es zu jedem DNA-Strang einen komplementären Strang (Abb. 1.1b). Dieser Strang enthält die gleiche Information wie der erste Strang, jedoch nicht die gleichen Basen. Einem A-Nukleotid im ersten Strang liegt immer ein T-Nukleotid im zweiten Strang gegenüber, einem G-Nukleotid ein C-Nukleotid, und umgekehrt. Die komplementären Nukleotide sind nicht aneinander gebunden, es herrschen aber starke Kräfte zwischen ihnen, vermittelt durch sogenannte Wasserstoffbrücken, sodass die beiden Stränge zusammenbleiben. Gemeinsam sind sie gewunden, immer etwa 10 Nukleotide pro Umdrehung, und die bilden die berühmte von James Watson und Francis Crick beschrieben Doppelhelix. Diese alpha-Doppelhelix ist jedoch im Inneren der Zelle noch weiter verpackt. Sie ist um verschiedene Proteinkomplexe, die Histone, aufgewickelt, um noch weiter Raum zu sparen und diese riesige Menge an Informationen zu organisieren (Abb. 1.1b). Nun liegt in der Zelle auch nicht nur ein einzelner riesiger DNA-Doppelstrang vor, sondern mehrere dieser Stränge. Von jedem Doppelstrang existiert außerdem eine Kopie. Diese zwei Kopien werden als Chromatiden bezeichnet und sind miteinander zu einem Chromosom verbunden (Watson et al. 2010). Die typische X-förmige Gestalt, welche durch die Verbindung an nur einer Region, dem Zentromer, entsteht, liegt allerdings nur selten vor, nämlich nur dann, wenn die Zelle sich kurz vor der Teilung befindet und die Chromatiden gleichzeitig auf die dabei entstehenden Tochterzellen verteilt werden müssen. Meist liegen die Chromatiden einzeln vor, ummantelt von der Kernmembran (Hülle des Zellkerns), welche den Zellkern, den Sitz der Erbinformation, umschließt. Diese Gesamtheit der Erbinformation wird als Genom bezeichnet (Sumner 2002).

1.2 Wie viele Genome hat eine Pflanze?

Das Genom im Zellkern haben wir nun kennengelernt. Jedoch gibt es noch weitere Sitze der Erbinformation in der Zelle, bei allen Tieren einen – und bei Pflanzen sogar zwei. Wie kommt das? Alle Lebewesen, welche Zellen mit Zellkernen haben, besitzen außerdem Strukturen in ihren Zellen, welche als Mitochondrien bezeichnet werden (Abb. 1.1a). Sie sind die Kraftwerke der Zelle. Hier wird durch das Veratmen von Zucker und Fetten die Energiewährung der Zelle produziert, welche dann in anderen chemischen Prozessen, welche Energie benötigen, eingesetzt werden kann. Und ebenjene Mitochondrien besitzen ein eigenes Genom. Dieser Umstand ist der Herkunft der Mitochondrien geschuldet. Vor Millionen von Jahren wurden sie nach der Endosymbiontentheorie von einer ersten Zelle aufgenommen und behalten (zuerst als Gedanke formuliert durch Schimper im Jahr 1883). Gestützt wird diese Theorie dadurch, dass die Mitochondrien von einer doppelten Membran umgeben sind, der ehemaligen „bakteriellen" Membran, sowie der Membran, mit welcher sie einst bei der Aufnahme in ihrer Wirtszelle umschlossen wurden. Mitochondrien teilen sich selbstständig, sie entstehen nicht neu, sondern werden zumeist (bei Tieren) von Müttern an ihre Kinder vererbt. Das Genom des Mitochondriums entspricht in seiner Organisation einem bakteriellen Genom, es ist also nicht in X-förmige Chromosomen, sondern als ein großer Ring bzw. mehrere Unterringe organisiert, welche(r) frei im mitochondrialen Zytoplasma (der Flüssigkeit in der Zelle bzw. hier im Mitochondrium) vorliegt/vorliegen und nicht von einer Kernmembran umgeben ist. Das mitochondriale Genom ist nicht mehr vollständig, d. h. ein Mitochondrium könnte nicht mehr alleine überleben. Große Teile des mitochondrialen Genoms wurden im Laufe der Evolution in das Kerngenom der Zelle übertragen. Die Proteine werden im Zytoplasma der Zelle produziert und in die Mitochondrien importiert um dort ihre Funktion zu entfalten.

In der Pflanzenzelle gibt es sogar noch ein drittes Genom, denn pflanzliche Zellen enthalten ein weiteres Zellorganell (Organell = durch Membran abgegrenzter Bereich im Inneren einer Zelle), welches ebenfalls durch Endosymbiose entstanden ist. Hierbei handelt es sich um Chloroplasten, den Sitz des grünen Farbstoffes Chlorophyll und damit auch der Photosynthese, bei welcher aus Wasser, Kohlenstoffdioxid und der Energie des Sonnenlichtes Zucker und Sauerstoff hergestellt werden. Wie im Fall der Mitochondrien ist das Genom der Chloroplasten nicht mehr vollständig. Auch hier wurden weite Teile in das Kerngenom übertragen. Chloroplasten gehen auch nur aus sich selber hervor und entstehen nicht neu (Martin et al. 2015). Sie werden in vielen Blütenpflanzen über den weiblichen Teil der Blüte vererbt, bei Koniferen und Verwandten aber über den männlichen Teil (Pollen) (Connett 1986). Eigentlich ist es nicht ganz korrekt vom Genom der Chloroplasten zu sprechen, ein Chloroplast ist nämlich genau genommen nur eine Form der sogenannten Plastiden. Plastiden können aber nicht nur grün sein und als Chloroplast ausgeprägt sein, sie können auch andere Farben haben und werden dann als Chromoplasten bezeichnet oder können vornehmlich Stärke speichern und heißen dann Amyloplasten. Es ist also korrekter vom Plastidengenom zu sprechen und nicht vom Chloroplastengenom.

1.3 Keimzellbildung bei Pflanzen

In den vorangegangenen Abschnitten sind wir dem Begriff der Vererbung bei Plastiden und Mitochondrien bereits begegnet. Auch das Kerngenom wird an die Nachkommen weitervererbt. Dabei werden männliche und weibliche Geschlechtszellen in den entsprechenden Geschlechtsorganen oder Fortpflanzungsgeweben gebildet. Bei den Blütenpflanzen geschieht dies in den Staubgefäßen (männliche Blütenanteile) bzw. dem Griffel (weiblicher Blütenanteil). Diese Fortpflanzungszellen entstehen auch durch Zellteilung. Bei der „normalen Zellteilung", der Mitose, die zum Beispiel beim Wachsen oder erneuern eines Gewebes stattfindet, reihen sich die Chromosomen in der Mitte der Zelle auf (Francis 2007). Nun werden die Chromatiden einzeln auf die Tochterzellen verteilt, sodass genau die gleiche Erbinformation enthalten ist (Abb. 1.1c). Bei der Bildung der Geschlechtszellen, der Meiose, findet jedoch zuerst eine sogenannte Reduktionsteilung statt. Um diese zu verstehen schauen wir uns erst einmal an, welche Chromosomen im Genom enthalten sind. Bei *Arabidopsis thaliana* (dt. Ackerschmalwand), einer in der grünen Molekularbiologie häufig verwendeten Pflanze, befinden sich 10 Chromosomen im Zellkern und bilden einen sogenannten Chromosomensatz. Diese 10 Chromosomen bilden allerdings fünf Paare, wobei die Paare aus sehr ähnlichen, man sagt homologen Chromosomen bestehen. Bei der Reduktionsteilung lagern sich nun zuerst die homologen Chromosomenpaare aneinander, sodass sich fünf Chromosomenpaare bilden. Jedes Paar wird nun so aufgeteilt, dass eines der Chromosomen pro Paar in eine der zwei Tochterzellen gelangt. Diese Tochterzellen haben nun also je fünf Chromosomen. Nun folgt eine mitotische Zellteilung und es werden jeweils fünf Chromatiden auf zwei Tochterzellen verteilt. Am Ende entstehen also vier Zellen, die je nach Organismus alle Eingang in die Vererbung finden, teils zugrunde gehen oder andere Funktionen in der Fortpflanzung übernehmen (bei Pflanzen bilden sie zum Beispiel die Grundlage für das Nährgewebe des Embryos; Review in Mercier et al. 2015). Kommt es nun zur Bestäubung bei der Pflanze wird Pollen entweder des gleichen oder eines anderen Individuums (zumeist) der gleichen Art auf die Narbe – also das obere Ende des Griffels übertragen. Der Pollen keimt aus und bildet den Pollenschlauch aus, durch welchen die zwei im Pollen enthaltenen Zellkerne bis zur Samenanlage wandern. Der eine Zellkern verschmilzt dann mit der Eizelle und ein Embryo entsteht. Der zweite

Zellkern verschmilzt mit einer weiteren allerdings diploiden (= enthält zwei Chromosomensätze) Zelle, und bildet den Ursprung eines Nährgewebes, welches drei Kopien des Genoms (zwei mütterliche und eine väterliche) enthält (Pereira und Coimbra 2019).

1.4 Veränderungen der DNA Sequenz – Mutationen

Die Sequenz der DNA ist nicht konstant, sondern verändert sich im Laufe der Zeit durch Mutationen. Dies sind Fehler, welche beim Kopieren der DNA während der Zellteilung entstehen. Es gibt zwei hauptsächliche Arten von Mutationen. Zum einen gibt es Mutationen, welche eine einzelne Base betreffen, sogenannte Single Nukleotid Polymorphismen (SNPs) oder Punktmutationen (Abb. 1.1d). Zum anderen können auch mehrere Basen am Stück eingefügt werden oder verloren gehen. Hierbei spricht man von Indels (Abb. 1.1d). Die Effekte von Mutationen können nun ganz unterschiedlich sein, je nachdem, wo sie im Genom auftreten. Handelt es sich um einen Bereich, welcher weder für ein Protein kodiert noch an der Regulation der Expression eines Gens beteiligt ist, dann fällt diese Mutation nicht weiter ins Gewicht und sie wir als neutral bezeichnet. Findet sich die Mutation jedoch in einem regulatorischen Bereich wieder, dann kann sich die Expression eines Gens ändern, weil beispielsweise Proteine, welche an den regulatorischen Bereich binden würden, um die Expression (= Ablesen eines Gens; Erstellen der mRNA Kopie als Vorlage für die Proteinbiosynthese) zu regulieren, nicht mehr oder besser oder schlechter binden können. Vielleicht kann aber auch mit der Änderung ein anderes Protein an die regulatorische Sequenz binden, sodass das Gen in einem weiteren Gewebe des Organismus exprimiert werden kann, wo es vorher vielleicht ausgeschaltet war. Findet die Mutation nun in einem codierenden Bereich statt, so kann es passieren, dass sich die Aminosäuresequenz des encodierten Proteins ändert. Dies kann dazu führen, dass das Protein seine Funktion nicht mehr korrekt ausführen kann. Die Aminosäureketten, aus welchen Proteine bestehen, werden zumeist komplex gefaltet. Diese Faltung hängt von den chemischen Eigenschaften der einzelnen Aminosäuren ab. Wird nun eine Aminosäure mit einer anderen chemischen Eigenschaft eingebaut, so ändert sich die komplexe Faltung, was dann eben zum Verlust der Funktion führen kann. Genauso kann der Einbau einer veränderten Aminosäure zu einer veränderten Funktion des Proteins führen. Auch Deletionen (= Entfernen von DNA-Bausteinen) und Insertionen (= Einfügen von DNA-Bausteinen) können die Funktion eines Proteins beeinflussen. Proteine besitzen sogenannte Signalpeptide, kurze Aminosäurekettenabschnitte, welche bestimmen, wo ein Protein in der Zelle hin transportiert werden muss. So gibt es Signalpeptide, welche Proteine in den Zellkern leiten oder andere wiederum, welche ein Protein für den Import in den Chloroplast markieren. Wird durch eine Deletion ein solches Signalpeptid entfernt, dann verbleibt das Protein in einem anderen Kompartiment der Zelle und kann dort gegebenenfalls eine andere Funktion ausführen (zusammengefasst in Loewe 2008).

Finden die oben beschriebenen Mutationen in einer beliebigen Zelle eines Organs statt, dann betreffen diese nur diese eine Zelle oder Zellen, welche aus ihr durch Teilung hervorgehen. Erfolgt die Mutation jedoch in einer Zelle, aus welcher Keimzellen gebildet werden, dann kann sie auch an die Folgegeneration weitergegeben und somit gegebenenfalls erhalten werden.

1.5 Natürliche Selektion

Die natürliche Selektion (Darwin 1859) führt dazu, dass Individuen bzw. Populationen stets an ihre Umwelt angepasst sind und sich an veränderte Bedingungen immer wieder anpassen können. Es werden die Individuen ausgelesen, welche sich am stärksten fortpflanzen können oder welche die besten Überlebensraten haben, also diejenigen mit der höchsten Fitness (wobei dies ein schwierig zu definierender Begriff ist, bzw. ist Fitness schwierig zu messen). Dabei wirkt die Selektion auf den Phänotyp, also auf die Gesamtheit an beobachtbaren Charakteristika eines Organismus. Der Phänotyp wird zum einen durch die Erbinformation bedingt, zum anderen aber auch durch die Umwelt beeinflusst, was zu sogenannter phänotypischer Plastizität führt. Die natürliche Selektion kann nur direkt auf den Phänotyp wirken, wirkt aber indirekt auch auf den Genotyp, also die Ausführung der Erbinformation in einem Individuum. Unterschiedliche Individuen können unterschiedliche Genotypen besitzen, da Mutationen zu der Bildung verschiedener Ausführungen von Genen oder anderer DNA-Sequenzen geführt haben. Unterschiedliche Varianten eines Gens, welche durch Mutation entstanden sind, bezeichnet man als Allele. Wenn man Pflanzen unter kontrollierten Bedingungen, also etwa in einem Gewächshaus ohne Bestäuber, miteinander fortpflanzt, und dabei das Auftauchen eines Merkmals über Generationen hinweg verfolgt, so stellt man fest, dass sich die Häufigkeit, mit der manche Merkmale auftreten, vorausberechnen lässt. Dies wurde schon von Gregor Mendel, einem Mönch aus Brünn (Tschechien) im 19. Jh. festgestellt. Er erkannte Merkmalsausführungen, welche über andere dominant waren, d. h. kreuzte er zwei Erbsenpflanzen miteinander, die sich in einem Merkmal unterschieden, dann prägte die Tochterpflanze eine Version des Merkmals, also die in diesem Fall dominante Version, aus. Pflanzte er nun diese Tochterpflanze mit sich selbst fort, waren in der Folgegeneration beide Phänotypen wiederzufinden und zwar in unterschiedlichen Verhältnissen. Die dominante Merkmalsausführung war in 75 % der Individuen zu finden, die rezessive (die in der ersten Tochtergeneration nicht zu sehen war) nur in 25 % (also im Verhältnis 3:1). Dies wird als Aufspaltungsregel bezeichnet. Diese Aufspaltung geschieht aufgrund der Allelzusammensetzung der ersten Tochtergeneration und der Keimzellbildung sowie Befruchtung, wenn die Pflanzen der ersten Tochtergeneration mit sich selbst fortgepflanzt werden. Die erste Tochtergeneration hatte von ihren Eltern z. B. ein Gen in der Ausführung A und a geerbt, hatte also den Genotyp Aa. Damit konnten Keimzellen gebildet werden, welche entweder das Allel A oder a enthielten. Erfolgte die Fortpflanzung nun zufällig, dann konnten sich Samen mit den Allelzusammensetzungen AA, aa, Aa und aA bilden. Da A dominant über a ist prägen 75 % der Nachkommen die Merkmalsausführung A aus, während nur 25 % a ausprägen (Bateson 2009).

Wir stellen uns nun ein Gen vor, welchem wir den Namen R geben. Das Produkt von R ist an der Bildung eines roten Blütenfarbstoffes beteiligt. Besitzt eine Pflanze das Allel R, dann hat sie rote Blüten. Es gibt nun aber auch das Allel r. r encodiert ein nicht mehr funktionierendes Enzym, so dass kein roter Blütenfarbstoff mehr gebildet werden kann. Die Blüten bleiben weiß. R ist dominant über r. In einem Gewächshaus, in welchem wir kontrollieren könnten, welche Individuen sich miteinander fortpflanzen, könnten wir Mendels Experimente wiederholen. Wenn sich ein heterozygotes Individuum (also hier der Genotyp Rr) mit sich selbst fortpflanzen würde, entständen unter den Nachkommen dieser Pflanze 75 % rot und 25 % weiß blühende Individuen; die Genotypen RR, rR, Rr würden rot blühen, rr weiß.

In der Natur könnte die Situation jedoch anders aussehen. Zunächst haben wir eine Population, in welcher es nur das Allel gibt, welches rote Blüten hervorruft. In dieser Situation kann Selektion nicht wirken, da es ohne Variabilität keine Selektion geben kann. Nun entsteht durch Mutation unser oben schon beschriebenes Allel r. r kommt also erstmal nur in einem Individuum und dann vielleicht in wenigen Individuen vor. Wenn nun keine Selektion, also natürlich Auslese, stattfindet, dann bleibt das weiße Allel selten. In einer (unendlich großen) Population, welche sich zufällig miteinander fortpflanzt, bleiben die Verhältnisse der Allele zueinander (also wie oft sie vorkommen) gleich. Man sagt, die Population ist im Gleichgewicht (genauer gesagt im Hardy–Weinberg-Gleichgewicht).

Jetzt können wir aber annehmen, dass Selektion wirkt. So könnten zum Beispiel weiße Blüten attraktiver auf einen Bestäuber wirken als rote Blüten. In einer Population aus rot und weiß blühenden Individuen pflanzen sich damit die am

Anfang seltenen weiß blühende Individuen häufiger fort als rot blühende Individuen und die Frequenz des Alleles welches für die weißen Blüten verantwortlich ist steigt an. Dies wird als positive Selektion bezeichnet (gegenüber negativer Selektion, welche sich auf das Entfernen unvorteilhafter Allele bezieht). Die Effekte der Allele eines Gens auf das Überleben des Trägers des Alleles bzw. auf dessen Beteiligung an der Fortpflanzung entscheiden nun darüber, ob ein Allel und damit auch eine Mutation, erhalten bleibt. Hat die Mutation einen positiven Effekt, so wird sie sich weiter verbreiten (z. B. Molles et al. 2010), hat sie einen negativen Effekt, wird sie wieder verloren gehen oder sich nur sehr wenig ausbreiten. Hat die Mutation keinen weiteren Effekt ist sie neutral und kann erhalten bleiben, da Selektion nicht auf sie wirkt (Loewe 2008). Bei manchen Genen ist es in einer Population vorteilhaft, wenn sie in möglichst vielen Varianten erhalten bleiben, z. B. bei Genen, welche an der Pathogenabwehr beteiligt sind oder welche in einigen Pflanzen verhindern, dass es zur Selbstbefruchtung kommt. Diesen Prozess bezeichnet man als ausgleichende Selektion (siehe Delph und Kelly 2014 für Beispiele). Selektion führt also dazu, dass sich bei sich verändernden Umweltbedingungen Allelfrequenzen immer wieder verschieben. Allerdings kann auch der Zufall dazu führen, dass Allelfrequenzen vor allem in kleinen und mittelgroßen Populationen von Generation zu Generation schwanken, was als genetischer Drift bezeichnet wird. Selektion (und auch der Zufall) führt also dazu, dass sich die Genomzusammensetzung im Sinne von Allelzusammensetzung ständig verändert.

2 Polyploidisierung und ihre Effekte auf das pflanzliche Genom

2.1 Was ist Polyploidisierung und wie läuft sie ab?

Im vorangegangenen Textabschnitt haben wir gelernt, dass bei der Bildung der Geschlechtszellen die Anzahl der Chromosomen in der Reduktionsteilung halbiert wird. Dies ist ein wichtiger Vorgang. Stellen wir uns vor, was passiert, wenn die Chromosomenzahl nicht reduziert werden würde. Dann stünde am Anfang ein diploides Individuum, also ein Individuum, welches zwei Kopien eines Genoms in seinen Zellen beinhaltet (Abb. 2.1a). Würde dieses Individuum nun unreduzierte Geschlechtszellen bilden, dann würden bei der Befruchtung zwei diploide Zellen miteinander verschmelzen und der Nachkomme würde in seinen Zellen vier Kopien des Genoms enthalten, er wäre also tetraploid. In der nächsten Generation würde sich die Chromosomenzahl wieder verdoppeln und der Nachkomme hätte acht Kopien des Genoms in seinen Zellen und wäre damit oktoploid. Es könnte auch eine reduzierte mit einer unreduzierten Keimzelle verschmelzen. So entstünde ein triploider Nachkomme (Abb. 2.1a).

Befinden sich mehr als zwei Kopien des Genoms in einer Zelle, so spricht man von Polyploidie (diploid = zwei Kopien; polyploid = viele Kopien). Polyploidie ist im Tierreich selten. Denkt man Beispielsweise an den Menschen, so gibt es überhaupt keine polyploiden Individuen und auch das Vorhandensein einer zusätzlichen Kopie eines einzelnen Chromosoms führt zu erheblichen Problemen. Liegt beispielsweise das 23. humane Chromosom in drei Kopien vor, so spricht man von Trisomie 21. Trisomie 21 kann von Mensch zu Mensch unterschiedlich ausgeprägt sein und kann mit Herzfehlern, Hör- und Sehstörungen, geistigen Behinderungen und weiteren Problemen einhergehen (Weijerman und de Winter 2010).

C. Kiefer, *Genomevolution bei Pflanzen*, essentials,
https://doi.org/10.1007/978-3-658-33025-5_2

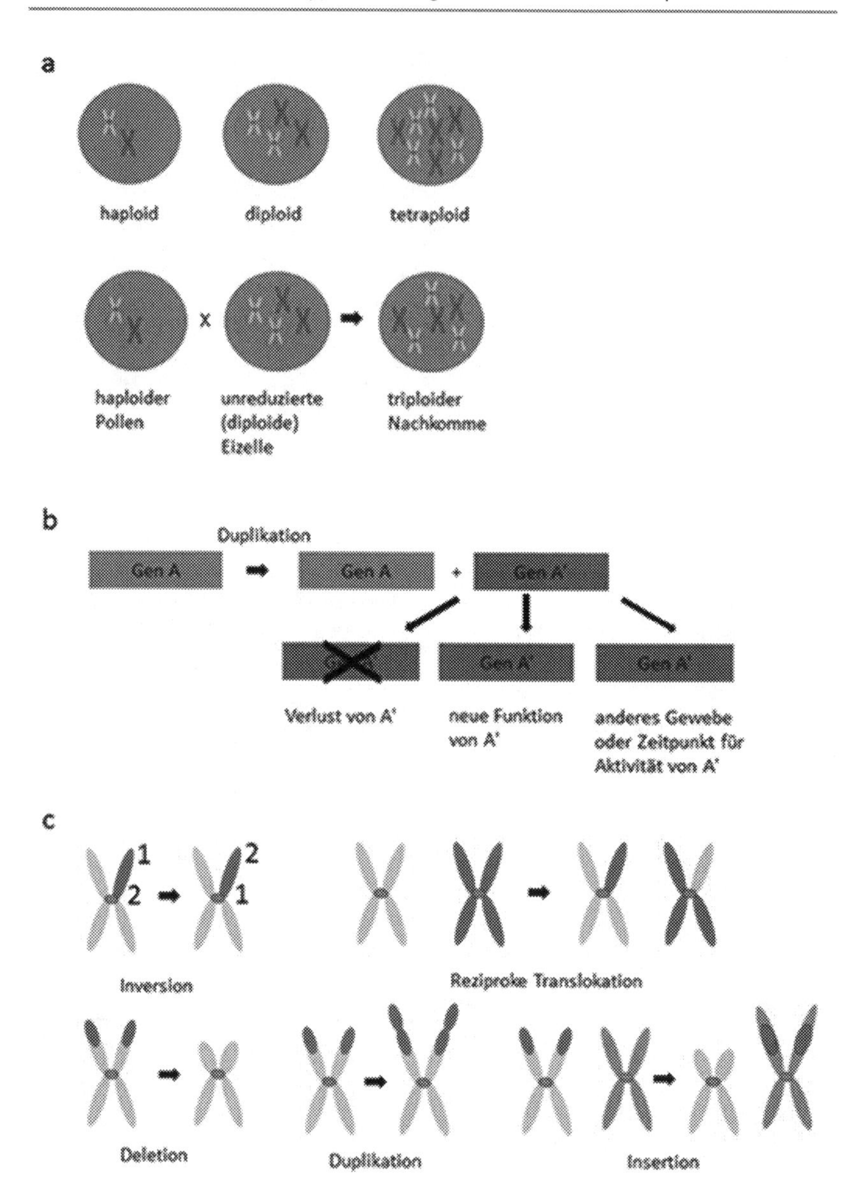

Abb. 2.1 Polyploidisierung, Genevolution und Strukturelle Chromosomenmutationen. **a** Schematische Darstellung verschiedener Ploidiestufen sowie der Bildung eines triploiden Nachkommens, **b** Duplikation eines Gens und weitere Entwicklungsmöglichkeiten des duplizierten Lokus, **c** Arten von Chromosomenmutationen

Pflanzen (und auch einige Tiere) hingegen sind erstaunlich tolerant gegenüber Polyploidisierung (Vervielfältigung des Chromosomensatzes) bzw. dem Vorhandensein zusätzlicher Kopien einzelner Chromosomen. So wird heute angenommen, dass alle existierenden Blütenpflanzen (Angiospermen) zumindest ein Polyploidisierungsereignis in ihrer evolutionären Geschichte enthalten (Jiao et al. 2011). Eine Studie kam zumindest mit dem dort verwendeten Datensatz zu dem Schluss, dass 34,5 % der heute existierenden Gefäßpflanzen polyploid sind, wenn man ihre Chromosomenzahlen relativ zu der Basisanzahl (Anzahl an Chromosomen in den Geschlechtszellen eines diploiden Organismus) an Chromosomen für eine Gattung (nah verwandte Gruppe von Arten) betrachtet (Wood et al. 2009). Pflanzen, welche ein Polyploidisierungsereignis in ihrer Geschichte haben, welches sich heute aber nicht mehr in der Chromosomenzahl widerspiegelt bezeichnet man als Palaeopolyploide während Polyploide, bei welchen noch die Chromosomenkomplemente beider Eltern zu erkennen sind als Neopolyploide bezeichnet werden.

Die Basischromosomenzahl kann bei Pflanzen stark unterschiedlich sein. So beträgt diese bei *Arabidopsis thaliana,* der Modellpflanze der grünen Molekularbiologie $x = 5$, während sie bei Farnen der Gattung *Ophioglossum* (Natternzunge) zwischen $x = 120$ bis 720 liegen kann (Lukhtanov 2015). *Arabidopsis thaliana* selbst kommt nur als diploide Pflanze vor während man bei der nah verwandten *Arabidopsis lyrata* mit einer Basischromosomenzahl von $x = 8$ zum Beispiel sowohl diploide (16 Chromosomen) als auch tetraploide (32 Chromosomen) Individuen kennt. So gibt es Areale, in welchen nur jeweils diploide oder tetraploide Populationen dieser Art vorkommen (Dart et al. 2011). Bei der schon angesprochenen Gattung *Ophioglossum* sind wie bei allen Farnen Polyploide sehr häufig und es können bis zu 1260 Chromosomen vorliegen, wenn es sich um ein dodekaploides Individuum handelt, welches also jeweils 12 Chromosomensätze in seinen Zellen beinhaltet (Sinha et al. 1979).

Es stellt sich nun die Frage, wie diese polyploiden Individuen bei Pflanzen entstehen. Manchmal wird in einem Individuum die Entwicklung der haploiden Geschlechtszellen gestört, so, dass die Reduktionsteilung nicht erfolgt. Dann entstehen diploide Geschlechtszellen. Wird nun eine diploide Eizelle mit einem diploiden Pollen befruchtet, so entsteht ein tetraploider Embryo. Wenn jedoch nur die weibliche Eizelle oder der männliche Pollen unreduziert bleibt und mit der jeweilig anderen Geschlechtszelle verschmilzt, dann entsteht ein triploider Nachkommen. Nachdem dies kein geradzahliges Vielfaches des Chromosomensatzes ist, kann in diesem Individuum sobald es Keimzellen entwickelt keine geregelte Reduktionsteilung erfolgen, da sich drei Sätze an Chromosomen nicht gleichmäßig auf zwei Tochterzellen aufteilen können. Theoretisch wäre dies eine

Sackgasse – es gibt jedoch mehrere Auswege. Zum einen könnte zufällig eine triploide Eizelle entstehen, welche mit haploidem Pollen eines anderen Individuums der gleichen Art verschmilzt, sodass ein tetraploides Individuum entsteht oder es bilden sich bei der Reduktionsteilung zu einem gewissen Prozentsatz doch auf einen Chromosomensatz reduzierte Keimzellen heraus. Des Weiteren kann erneut die Reduktionsteilung ausfallen, was dann zu hexaploiden Nachkommen führt. Da dies wieder ein geradzahliges Vielfaches der Chromosomengrundzahl ist kann eine normale Reduktionsteilung stattfinden, da jedes Chromosom einen Partner bei dieser Teilung finden kann. Zum anderen besitzen Pflanzen zwei Möglichkeiten sich ungeschlechtlich fortzupflanzen. Zum einen können sie sich klonal vegetativ fortpflanzen. Dies bedeutet, dass Tochterpflanzen gebildet werden, welche wie z. B. bei Erdbeeren an einem verlängerten Spross wachsen und sich dann selbstständig bewurzeln. Zum anderen besitzen einige Pflanzen die Möglichkeit sich ungeschlechtlich fortzupflanzen, d. h. die Reduktionsteilung fällt aus und es entsteht aus einer unreduzierten Zelle ein neuer Embryo, worauf wir in Abschn. 5.2 noch näher eingehen wollen. Individuen, welche aufgrund unreduzierter Geschlechtszellen der gleichen Art polyploid geworden sind bezeichnet man als autopolyploid (auto = selbst) (Brownfield und Köhler 2011). Haben sich hingegen zwei unterschiedliche Arten miteinander fortgepflanzt, kam es also zur Hybridisierung, und es sind polyploide Nachkommen entstanden, spricht man von Allopolyploidisierung.

Zahlreiche Kulturpflanzen, welche zur Gewinnung von Nahrungsmitteln eingesetzt werden, sind auch polyploid. So sind die Urformen des Weizens beispielsweise diploid während kultivierter Weizen tetraploid oder hexaploid ist (Matsuoka 2011). Auch die meisten kultivierten Kartoffelsorten sind tetraploid, während es allerdings hier auch wilde hexaploide Formen gibt (Kyriakidou et al. 2020). Die europäische Pflaume ist hexaploid und hybridogenen Ursprungs (Zhebentyayeva et al. 2019), die kultivierte Erdbeere *Fragaria x ananassa* gar oktoploid (Edger et al. 2019). Ein weiteres prominentes Beispiel für Polyploidisierung, aber auch Hybridisierung verschiedener Arten sind Arten der Gattung *Brassica.* Die Gattung *Brassica* stellt einige der weltweit am meisten angebauten Nutzpflanzen, wie etwa Raps *(Brassica napus)* oder auch sämtliche Kohlsorten (Brokkoli, Kohlrabi, Wirsing, Blumenkohl,…), welche alle Variationen der Art *Brassica oleracea* sind. Man nimmt an, dass mehrere dieser Nutzpflanzen aus einer Hybridisierung von drei ancestralen, diploiden *Brassica* Arten entstanden sind, welche die Genome AA, BB und CC beigesteuert haben. Diese Theorie wird auch als „Triangle of U" bezeichnet (Nagaharu 1935) und wurde mittlerweile auch über moderne Daten bestätigt. *Brassica oleracea* trägt hierbei immer noch das AA Genom, während *Brassica napus* tetraploid ist und die Genome AA und CC enthält.

Für die große Zahl polyploider Sorten unter den Nutzpflanzen gibt es eine Erklärung. Die Größe des Zellkerns, also der Teil der Zelle, welcher das Kerngenom beherbergt, sowie das Zellplasma, also der flüssigkeitsgefüllte Raum innerhalb der Zellmembran, stehen im Verhältnis zueinander. Ist mehr DNA vorhanden, so ist auch mehr Zytoplasma vorhanden, d. h. das Volumen der Zellen nimmt zu. Damit wächst auch die Größe eines Pflanzenorgans, wie man es für die Blüten von *Arabidopsis thaliana* an einer Reihe künstlicher, polyploider Individuen gezeigt hat (Corneillie et al. 2019). Gleiches gilt auch für die Größe von Früchten, z. B. für die winzigen Walderdbeeren im Vergleich zu den dagegen riesenhaften Kulturerdbeeren. Aber auch das Vorhandensein mehrerer Kopien desselben Chromosoms und damit der darauf enthaltenen Genkopien spielt eine entscheidende Rolle.

2.2 Effekte der Polyploidisierung auf die Evolution von Genen

In Abschn. 1.4 haben wir uns mit dem Thema Mutation und Entstehung neuer Allele auseinandergesetzt, welche funktional sein können oder aber auch defekte Proteine encodieren. In einem diploiden Organismus finden sich zwei Kopien jedes Gens wieder, in den Keimzellen nur eine. Dies bedingt, dass der Spielraum, in welchem sich Mutationen in kodierenden Bereichen ereignen, die dann erhalten werden, entsprechend klein ist. Mutationen, welche zu veränderter oder auch fehlender Funktion führen gehen durch Selektion oft wieder verloren, wenn die Funktion des Gens Überleben oder Fortpflanzungserfolg sichert. In Polyploiden jedoch sind mit einem Mal mehr als zwei Kopien eines Gens vorhanden. Damit eröffnen sich ganz andere Spielräume. Denn während ein oder zwei Kopien des Gens in ihrer funktionalen Ausführung unberührt bleiben können, können die übrigen Kopien frei mutieren.

Generell kann die Entwicklung eines duplizierten Gens in zwei (oder drei) verschiedene Richtungen gehen. Eine Kopie des duplizierten Gens kann z. B. durch Mutationen seine Funktion verlieren. Es besteht aber auch die Möglichkeit, dass beide Kopien erhalten werden und sich diese über die Zeit durch Mutationen unterscheiden, welche zu unterschiedlichen Expressionsmustern (wann und in welchem Gewebe wird das Gen abgelesen) oder auch neuen Funktionen führen (Jiao et al. 2013; Abb. 2.1b).

Der Vollständigkeit halber sollte erwähnt werden, dass Polyploidisierung nicht der einzige Weg zur Duplikation von Genen ist. Gene können auch auf anderem Wege, z. B. über die Aktivität von Transposons (siehe Abschn. 4.1) dupliziert werden, welche sich selbst gemeinsam mit einem angrenzenden Gen zusammen in eine neue genomische Umgebung kopieren können. Allerdings neigen auf diese Weise entstandene Duplikate nicht lange zu überleben und gehen eher verloren, als wenn Polyploidisierung der Grund für die Duplikation war (Lynch 2000).

Viele Gene, welche im Zusammenhang mit der Blütenbildung stehen, sind über Polyploidisierungsereignisse vor der Evolution der Samenpflanzen entstanden und sind durch wiederholte Polyploidisierungsvorgänge vervielfältigt worden, wie etwa Gene, welche MADS-Box-Transkriptionsfaktoren, Phytochrome oder HD-ZIP III Transkriptionsfaktoren enkodieren (Transkriptionsfaktoren = Gene, welche die durch Binden an Promotorsequenzen die Expression eines Gens beeinflussen; Jiao et al. 2013). Ein anderes Beispiel ist die C4-Photosynthese, wie sie etwa bei Gräsern vorkommt. Die „normale Form“ der Photosynthese wird als C3-Photosynthese bezeichnet, da CO_2 als erstes über eine Verbindung mit drei Kohlenstoffatomen fixiert wird. Auch findet die erste Fixierung in der gleichen Zelle statt wie die restlichen Vorgänge der Photosynthese. Bei der C4-Photosynthese hingegen ist die erste Verbindung, die bei der Fixierung des CO_2 entsteht eine Verbindung mit vier Kohlenstoffatomen. Zudem ist die Fixierung räumlich getrennt von den übrigen Photosynthesevorgängen. Die räumliche Trennung führt dazu, dass, wenn die C4-Verbindung in die Zellen transportiert wurde, wo die weiteren Reaktionen stattfinden, eine höhere Konzentration an CO_2 erreicht werden kann, sodass die Photosynthese effizienter funktioniert. Die C4-Photosynthese ist besonders bei den Gräsern verbreitet. Eine allen Gräsern gemeinsame Genomduplikation vor ca. 70 Mio. Jahren brachte Kopien aller Gene hervor, welche eine Funktion in der C4-Photosynthese haben (Paterson et al. 2004). Jedoch gingen die meisten dieser Kopien verloren und gingen dann erneut aus der Duplikation einzelner Gene hervor, bevor sie für die C4-Photosynthese rekrutiert wurden (Wang et al. 2009).

Generell lässt sich festhalten, dass nicht alle Gene die gleiche Chance besitzen nach einer Genomduplikation erhalten zu werden. Gene, welche Transkriptionsfaktoren, Proteinkinasen (hängen Phosphatgruppen an Proteine an) und Transferasen (Enzyme, welche funktionelle Gruppen (z. B. Methylgruppe $-CH_3$) von einem Molekül auf ein anderes übertragen) enkodieren, werden beispielsweise eher erhalten als Gene aus anderen funktionalen Kategorien (Freeling 2009).

3 Strukturelle Chromosomenmutationen

3.1 Wie sich Chromosomen in der Evolution verändern

Was die Chromosomenanzahl angeht sind Pflanzen also erstaunlich flexibel und auch dynamisch. Gleiches trifft jedoch auch auf die Struktur einzelner Chromosomen zu. Während der Keimzellbildung lagern sich vor der Reduktionsteilung homologe Bereiche (Bereiche, welche die gleichen Gene bzw. eine ähnliche DNA Sequenz enthalten) der Chromosomen aneinander und es kommt zu sogenannten Rekombinationsereignissen. Dabei werden Teile der DNA-Stränge zwischen zwei Chromosomen ausgetauscht. Dabei kann es aber nicht nur zum Austausch, sondern ggf. auch zur Spaltung oder Fusion ganzer Chromosomen kommen. Gleichermaßen können Chromosomenarme invertiert werden, d. h. das vormalige äußere Ende eines Chromosomenarms kann an ein Zentromer geheftet werden (das vormals äußere Ende liegt also jetzt innen). Es kann auch zu Translokationen kommen, wobei Genomblöcke oder ganze Chromosomenarme auf ein anderes Chromosom übertragen werden. Ein Spezialfall ist die reziproke Translokation, bei welcher z. B. zwei Chromosomenarme zwischen zwei Chromosomen ausgetauscht werden (Lodish et al. 2000; Abb. 2.1c).

Zahlreiche Studien zur Strukturevolution von Chromosomen wurden an der Pflanzenfamilie der Kreuzblütler (Brassicaceae) durchgeführt. In einer ersten Studie im Jahr 2001 wurde beschrieben, wie alle fünf Chromosomen der Modellpflanze der grünen Molekularbiologie, *Arabidopsis thaliana,* mit Hilfe von DNA Sonden (DNA-Stücke, welche an eine Zielsequenz binden können) unterschiedlich angefärbt werden können (Lysak et al. 2001, 2003). Dabei verwendet man sogenannte Bacterial Artificial Chromosomes (BACs), von welchen man über die Genomsequenzierung von *Arabidopsis thaliana* weiß, an welcher Stelle des

C. Kiefer, *Genomevolution bei Pflanzen*, essentials,
https://doi.org/10.1007/978-3-658-33025-5_3

Genoms sie zu finden sind. Im Fall von *Arabidopsis thaliana* wurden fünf Sets BACs ausgewählt, welche komplementär zu den fünf Chromosomen von *Arabidopsis thaliana* (x = 5, 2n = 10) sind. Jedes Set wurde mit einem anderen Fluoreszenzfarbstoff markiert. Dann wurden Chromosomenpräparate von *Arabidopsis thaliana* mit den markierten Sonden inkubiert und alle Chromosomenpaare waren in jeweils einer anderen Farbe zu erkennen. Diese Technik wurde weiterentwickelt und ein Set an BACs definiert, welches sich nicht nur für Analysen in *Arabidopsis thaliana* eignet, sondern welches in der ganzen Pflanzenfamilie der Brassicaceae eingesetzt werden kann (Lysak und Koch 2011). So wurde beispielsweise die chromosomale Evolution in der näheren Verwandtschaft von *Arabidopsis thaliana* nachvollzogen. *Arabidopsis thaliana* ist nämlich die einzige Art in der Gattung *Arabidopsis,* welche nur fünf Chromosomen im haploiden Satz besitzt. Alle anderen Arten der Gattung besitzen im haploiden Satz acht Chromosomen. Eine andere Studie hatte bereits nahegelegt, dass die Anzahl von acht Chromosomen im haploiden Zusatz wohl dem ancestralen, also ursprünglichen Zustand in den Brassicaceae entspricht (Schranz et al. 2006). Es stellte sich in dieser Studie tatsächlich heraus, dass die geringere Chromosomenzahl in *Arabidopsis thaliana* im haploiden Satz dadurch zu Stande gekommen war, dass durch Inversionen von Chromosomenarmen die Zentromere verschoben wurden, dass es zu reziproken Translokationen (wechselseitigem Austausch) kam – und dass ein bei diesen Prozessen entstandenes Mini-Chromosom eliminiert wurde (Lysak et al. 2006). Weitere Studien zeigten, dass in den Brassicaceae bestimmte genomische Abschnitte dazu neigen in der Evolution zusammenzubleiben, auch, wenn sich die Chromosomen in ihrer Struktur ändern, d. h. einzelne Chromosomenarme die Position wechseln oder invertiert werden oder Chromosomen oder Teile davon zu neu zusammengesetzten Chromosomen fusionieren. Diese Abschnitte werden als Genomblocks bezeichnet und wurden nach dem Alphabet in der Reihenfolge benannt, wie man sie im ancestralen Genom der Brassicaceae vermutet. Es wurde gezeigt, dass diese Genomblocks sich in zahlreichen anderen Brassicaceae Genomen wiederfanden (Schranz et al. 2006; Lysak und Koch 2011). Es ist jedoch bis heute nicht klar, weshalb die Genomblocks erhalten bleiben und ob die Grenzen wirklich immer genau gleich sind.

Die Brassicaceae werden in 51 sogenannte Triben (hier Gruppen nah verwandter Gattungen) unterteilt. Einer der größten Triben sind die Arabideae, welche mehr als 550 Arten umfassen. Alle Mitglieder des Tribus haben zudem acht Chromosomen im haploiden Satz.

Befinden sich auf zwei DNA Abschnitten die Gene in der gleichen Reihenfolge, so spricht man von Kolinearität. Für die Arabideae konnte gezeigt werden, dass ihre Genome zwar größtenteils (zumindest in der Auflösung, die Chromosome Painting erlaubt) kollinear sind. Jedoch kam es im Laufe der Evolution häufig zu Verschiebungen der Zentromere bzw. der Entstehung neuer Zentromere. Dabei zeigte sich, dass 26 der 32 beobachteten Neuentstehungen von Zentromeren unabhängig voneinander erfolgten, wobei sich vier jedoch unabhängig voneinander an der gleichen genomischen Position bildeten (Mandáková et al. 2020). Das Verschieben von Zentromeren kann im Zusammenhang von Anpassungen an Umweltbedingungen sowie auch mit epigenetischen Veränderungen (Modifikationen, welche nicht die Basenzusammensetzung der DNA ändern, die aber z. B. beeinflussen, wie zugänglich die DNA etwa für Transkriptionsfaktoren und ähnliches ist) gesehen werden.

3.2 Strukturelle Chromosomenmutationen helfen Polyploiden wieder diploid zu werden

In Kap. 2 haben wir erfahren, wie Pflanzen ihr Genom verdoppeln können und dass dies ein häufig vorkommender Prozess ist. Pflanzen können zwar wie in Kap. 2 angesprochen durchaus auf hohen Ploidiestufen verbleiben und somit eine große Zahl an Genomkomplementen in ihren Zellkernen enthalten. Es gibt jedoch auch die Möglichkeit, dass durch strukturelle Chromosomenmutationen wieder Diploide entstehen, deren Chromosomen anders zusammengesetzt sind, welche aber immer noch den „Fußabdruck“ der Polyploidisierung zeigen. Ein gutes Beispiel für Pflanzen, welche eine niedrige Anzahl an Chromosomen haben, dennoch aber zeigen, dass sie polyploide Vorfahren hatten sind australische Vertreter des Brassicaceae Tribus Camelineae. Auch hier kam das oben beschriebene Chromosome Painting zum Einsatz, wobei Sonden verwendet wurden, welche die Genomblocks bei Brassicaceae markieren. Hierbei zeigte sich, dass trotz niedriger Chromosomenzahlen im haploiden Satz wie $x = 4$, $x = 5$ und $x = 6$ die meisten der Genomblöcke doppelt vorkamen. Daraus wurde geschlossen, dass es sich bei dieser Gruppe von Pflanzen wohl um Mesopolyploide handelt, d. h. Pflanzen, welche in ihrer jüngeren aber nicht rezenten (gegenwärtigen) Geschichte ein Polyploidisierungsereignis durchgemacht haben, welches sich nicht mehr in einer vervielfachten Chromosomengrundzahl widerspiegelt, aber noch am Vorhandensein der duplizierten Genomblöcke erkennbar ist (Mandakova et al. 2010). Zum Zeitpunkt der Polyploidisierung wird angenommen, dass ein Vielfaches von 8 Chromosomen im haploiden Satz vorhanden war. Durch Fusion von Chromosomenteilen wurde dann die geringere Anzahl an Chromosomen erreicht. Bei den in der Studie (Mandakova et al. 2010) genannten drei Arten wurden allerdings nicht immer alle 24 Genomblöcke in Duplikaten erhalten. Nur in einer Art war dies der Fall, während in den beiden anderen 22 bzw. 20 Genomblöcke dupliziert erhalten wurden.

Ein weiteres Beispiel für die dynamische Entwicklung der Chromosomenstruktur im Laufe der Evolution liefert der Tribus Brassiceae (Brassicaceae). Hierbei wurden im Chromosome Painting Sonden verwendet, welche homolog (etwa ‚dazu passend') zum unteren Arm von Chromosom 4 in *Arabidopsis thaliana* sind. In allen untersuchten diploiden Arten aus dem Tribus Brassiceae konnten die Sonden jeweils an drei Bereiche auf verschiedenen Chromosomen binden, was anzeigt, dass die untersuchten Arten in ihrer Vergangenheit zwei Polyploidisierungsereignisse durchgemacht haben, nämlich in diesem Falle die sogenannte alpha-Duplikation, welche alle Brassicaceae teilen, aber auch ein noch ein weiteres Duplizierungsereignis, welches spezifisch für den Tribus Brassiceae ist. Die Segmente, welche homolog zum *Arabidopsis thaliana* Genom waren tauchten allerdings nicht immer in der gleichen Orientierung auf, sondern auch hier wurde deutlich, dass es zu zahlreichen Inversionen oder Translokationen gekommen war (Lysak et al. 2005).

Beispiele wie dieses gibt es in der gesamten Brassicaceae Familie, in welcher Polyploidisierung mit nachfolgender Diploidisierung häufig vorkommen. Beispiele wie das der drei australischen Vertreter der Camelineae verdeutlichen auch, dass eine niedrige Chromosomenanzahl nicht automatisch ein Beweis dafür ist, dass es sich um eine diploide Art handeln muss (Wood et al. 2009). Im Gegenzug bedeutet auch eine hohe Zahl an Chromosomen nicht automatisch, dass man ein polyploides Individuum betrachtet. Genauso können Chromosomen wiederholt gespalten worden sein, was dann zu einer hohen Chromosomenzahl geführt hat (Leitch et al. 2009).

3.3 Fallbeispiel heterochromatische Chromosomen, zerbrochene Chromosomen und ungeschlechtliche Fortpflanzung

Die Fortpflanzung bei Pflanzen kann vielfältig sein. Bei den Blütenpflanzen kann sie sexuell (also geschlechtlich) über Eizellen und Pollen aber auch ungeschlechtlich sein. Ungeschlechtliche Fortpflanzung wiederum kann ebenso zu Samenbildung führen, kann aber auch vegetativ über Ausläufer und ähnliches erfolgen. Bekannte Beispiele für die ungeschlechtliche Fortpflanzung über Samen bei Pflanzen – Apomixis – kommen aus der Gattung *Ranunculus* (Hahnenfuß),

Potentilla (Gänsefingerkraut), *Taraxacum* (Löwenzahn) oder auch *Poa* (Rispengras). Aber auch in der Gattung *Boechera*, einer Gruppe nordamerikanischer Vertreter der Brassicaceae, ist Apomixis häufig. Während Apomixis in anderen Gattungen mit Hybridartbildung oder hohen Ploidiestufen assoziiert ist, gibt es in *Boechera* zahlreiche diploide und triploide Apomikten, von welchen aber auch angenommen wird, dass sie hybridogenen Ursprungs sind.

Bislang sind wir in diesem ‚Essentials' (zumindest bei den pflanzlichen Beispielen) immer Vielfachen von kompletten Chromosomensätzen begegnet, d. h. jedes Chromosom hatte stets mindestens „einen Partner" (entsprechend der Ploidiestufe). Das muss aber nicht immer der Fall sein. Liegen zum Beispiel in einem Zellkern 15 Chromosomen vor, dann handelt es sich wahrscheinlich um ein Individuum, welches zwei Kopien eines Chromosomensatzes mit $x = 7$ besitzt und zusätzlich noch ein weiteres Chromosom, ähnlich wie bei der in Abschn. 2.1 angesprochenen Trisomie 21, welche beim Menschen auftreten kann. Ein Chromosomensatz mit einer solch ungeraden Anzahl an Chromosomen wird als aneuploid bezeichnet. Aneuploide kommen immer wieder vor und entstehen oft bei der sexuellen Fortpflanzung aus triploiden Individuen. Dies erklärt sich dadurch, dass an der Reduktionsteilung in der Meiose ein weiteres Chromosomenkomplement beteiligt ist, wenn sich die homologen Chromosomen in der Äquatorialebene der Zelle aneinanderlagern. Das jeweils dritte Chromosom wird dabei zufällig auf eine der Tochterzellen verteilt (Doyle 1986). Laborversuche an der Modellpflanze *Arabidopsis thaliana* haben gezeigt, dass sich Aneuploide über künstlich hergestellte triploide Individuen erzeugen lassen. Jedes der im haploiden Satz fünf Chromosomen konnte so in drei Kopien erhalten werden, d. h. es wurden Individuen erzeugt, welche 11 Chromosomen in ihrem Zellkern enthielten. Man stellte fest, dass diese Pflanzen je nachdem, welches Chromosom in drei Kopien vorlag, ein anderes Aussehen, d. h. einen anderen Phänotyp hatten. Dies wurde darauf zurückgeführt, dass mit der Kopie der Gene, welche auf dem triplizierten (dreifach vorhandenen) Chromosom liegen, nun jeweils drei statt normalerweise zwei Kopien eines jeden Gens auf dem betroffenen Chromosom vorhanden sind. Das führt dazu, dass nun auch alle drei Kopien der Gene abgelesen werden können und somit mehr mRNA und eine größere Menge des enkodierten Proteins hergestellt werden kann, was nun wiederum Effekte auf das Aussehen des Individuums haben kann (Henry et al. 2010). An dieser Stelle sollte noch erwähnt werden, dass Aneuploidie einen deutlich stärkeren Effekt hat als Polyploidie, da bei Aneuploidie nur Teile des Genoms vervielfacht werden und somit auch nur die Expression eines Teils der Gene beeinflusst wird, während Polyploidie das ganze Genom betrifft (Review in Birchler 2013).

In der Gattung *Boechera* wurden nun schon länger aneuploide Individuen beobachtet. Zusätzlich zu den 14 Chromosomen im diploiden Satz war ein fünfzehntes, kleines Chromosom beobachtet worden. Frühere Studien nahmen an, dass es sich dabei um ein sogenanntes B-Chromosom handelte (Sharbel et al. 2005). B-Chromosomen sind Chromosomen, welche zusätzlich zu den normaler Weise im diploiden Chromosomensatz vorhandenen A-Chromosomen vorkommen. Sie werden unabhängig vererbt (folgen also nicht den Mendelschen Regeln), rekombinieren nicht mit den A-Chromosomen während der Meiose und sind nicht nötig für das Überleben der Pflanze (Jones 1995). In Boechera wurde die geografische Verteilung der B-Chromosomen untersucht und es wurde gezeigt, dass sie in diploiden und triploiden Individuen vorkommen. Diploide Individuen, welche ein zusätzliche B-Chromosom enthalten, pflanzen sich apomiktisch fort (Sharbel et al. 2005). Eine weitere Studie versuchte später mehr Licht ins Dunkel in Bezug auf das „B-Chromosom" in Boechera zu bringen. Die DNA in einem Zellkern kann mehr oder weniger stark gepackt sein. Liegt die DNA nur locker gepackt vor, so wird sie als euchromatisch bezeichnet, ist sie hingegen fest verpackt und somit für die Transkription weitestgehend unzugänglich, so wird sie als heterochromatisch bezeichnet. Es wurde nun gezeigt, dass die untersuchten apomiktischen Individuen in *Boechera* alle ein stark heterochromatisches Chromosom enthielten, welches als *Het* bezeichnet wurde. Zusätzlich trugen nicht alle, aber die aneuploiden Individuen noch ein zusätzliches, kleines Chromosom (entsprechend dem zuvor entdeckten B-Chromosom), welches hier jetzt als *Del* bezeichnet wurde (*Del* von Deletion; Kantama et al. 2007). Man schloss daraus, dass das *Het* Chromosom im Zusammenhang mit der apomiktischen Fortpflanzung stehen könnte. Schlussendlich wurde wieder Chromosome Painting angewendet um den Ursprung des *Het* und *Del* Chromosoms zu zeigen (Mandakova et al. 2015). Dabei zeigte sich, dass *Het* Chromosom 1 aus *Boechera* entsprach, welches jedoch „stark gepackt" worden war. *Del* entpuppte sich im Verlauf der Studie als Bruchstück von *Het,* welches dann in seiner kürzeren Form als *Het'* bezeichnet wurde. Würden sich die Individuen, welche *Del* enthalten sich sexuell fortpflanzen, so könnte *Del* bei der Keimzellbildung verloren gehen. Da sich die Individuen jedoch asexuell fortpflanzen, d. h. ohne Reduktionsteilung, bleibt *Del* in apomiktischen Populationen erhalten (Mandakova et al. 2015).

Zwei weitere Studien haben inzwischen Allele zweier Gene (*APOLLO* und *UPGRADE 2*) identifiziert, welche mit Apomixis in *Boechera* assoziiert zu sein scheinen (Corral et al. 2013; Mau et al. 2013). Allerdings konnte bislang experimentell noch nicht nachgewiesen werden, ob diese beiden Gene in *Boechera* auf den entsprechenden chromosomalen Abschnitten liegen und sie so mit *Het* oder auch *Del* in Zusammenhang stehen, da das Genom von *Boechera stricta* (einer sich sexuell fortpflanzenden *Boechera* Art) zwar sequenziert wurde, jedoch nicht in sieben komplette Chromosomen zusammengebaut werden konnte. Alle Leser, die jetzt genauso neugierig wie die Autorin sind, können sich anhand der Publikationen die Sequenzdaten der beiden Gene heraussuchen und damit ebenfalls online verschiedene Genome der Brassicaceae durchsuchen (https://phytozome.jgi.doe.gov). Diese Leser werden feststellen, dass die beiden Gene auf einem nicht zugeordneten Genomabschnitt in *Boechera stricta* liegen, dass aber eine verwandte Sequenz zu *APOLLO* in *Arabidopsis thaliana* auf Chromosom 1 liegt, welches von der Struktur auch Chromosom 1 in *Boechera* entspricht, also dem Chromosom, was zu *Het* werden kann. Da damit aber nicht gezeigt ist, dass es sich a) wirklich um das *Arabidopsis thaliana* Ortholog von *APOLLO* handelt und b) dies dann auch in *Boechera* auf Chromosom 1 liegt, oder ob es zu einer Translokation gekommen ist, bleibt es abzuwarten, was weitere Studien zu diesem Thema zeigen werden.

4 Repetitive Elemente und das Pflanzengenom

4.1 Repetitive DNA Elemente und Veränderung der Genomgröße

Im Zeitalter der Genomsequenzierung, in welchem wir leben, wo also die komplette DNA Sequenz eines Individuums relativ leicht abgelesen werden kann, ist es vergleichsweise einfach festzustellen, welcher Anteil eines Genoms tatsächlich für Proteine kodiert. In *Arabidopsis thaliana* fand man so heraus, dass fast 80 % des Genoms Sequenzen enthalten, welche Genen und damit assoziierten Bereichen entsprechen (Meyerowitz 1992; Hu et al. 2011). In Gräsern sieht das ganze anders aus – hier entsprechen Bereiche, welchen Genen und umgebenden Sequenzen zugeordnet werden können nur 12–24 % des Genoms (Carels et al. 1995; Baraket et al. 1997). Auch in der mit *Arabidopsis thaliana* nah verwandten *Arabidopsis lyrata* entsprechen nur etwa 70 % des Genoms Bereichen, welche Gene und umgebende Sequenzen enthalten (Hu et al. 2011). Aber was ist mit dem Rest des Genoms? Was für Informationen enthalten diese 20 bis fast 90 % der DNA?

1983 erhielt Barbara McClintock den Nobelpreis für ihre Beiträge in verschiedenen Bereichen der Genetik, insbesondere aber für ihre Arbeit zu „springenden Genen", oder Transposons (Pray und Zhaurova 2008). Barbara McClintock arbeitete an Mais und versuchte die genetische Basis zu erklären, welche hinter dem Auftreten von anders gefärbten Maiskörnern steckt. Durch Kreuzen verschiedener Mais-Linien, welche sich in der Farbe ihrer Körner unterscheiden konnte sie zeigen, dass der für das Auftreten von gelegentlichen Farbsprenkeln verantwortliche Genort in Pflanzen, welche eigentlich nur farblose (also gelbliche/weißliche) Körner hervorbringen sollten, nicht immer auf demselben Chromosom lag. In der Tat

C. Kiefer, *Genomevolution bei Pflanzen*, essentials,
https://doi.org/10.1007/978-3-658-33025-5_4

konnte dieser seine Position ändern. Heute weiß man, dass eines der Elemente, welches Barbara McClintock beschrieb, einem DNA Transposon entspricht, also einer DNA Sequenz welche ihre Position durch ausschneiden und wieder einfügen verändern kann.

Transposons kommen in großer Anzahl im Pflanzengenom vor und es gibt verschiedene Klassen und Familien. Einige wechseln als DNA ihre Position (Class II Elemente) und werden dabei zunächst an einer Stelle im Genom ausgeschnitten und wieder an anderer Stelle eingefügt oder werden über einen Replikationsmechanismus vor dem erneuten Einfügen vervielfältigt. Im Falle des Ausschneidens wird die Stelle, an welcher das Transposon ausgeschnitten wurde jedoch basierend auf der Schwesterchromatide, welche das Transposon noch enthält repariert, sodass sich die Anzahl der Class II Transposons vermehrt. Gleiches gilt für sogenannte Retrotransposons (Class I Elemente), welche über verschiedene Enzyme zunächst in RNA umgeschrieben und dann als DNA an anderer Stelle des Genoms wieder eingebaut werden, wodurch es auch zur Vervielfältigung kommt. Diese Vervielfältigung kann zu einem Anstieg der Genomgröße führen. Alle Transposons finden ihren Ursprung in prokaryontischen (ohne Zellkern) Organismen (Xiong und Eickbush 1990).

Transposons sind jedoch nicht die einzigen repetitiven Elemente, welche im pflanzlichen Genom vorkommen. Die sogenannte Satelliten-DNA besteht aus tausenden sich hintereinander wiederholenden Sequenzen von wenigen bis zu 300 Basenpaaren Länge. Auch die Zentromere, die Bereiche der Chromosomen, an welchen die Schwesterchromatiden miteinander verbunden sind, gehören zu dieser Gruppe repetitiver Elemente. Und auch die Enden der Chromosomen, die sogenannten Telomere, welche auch aus repetitiven Sequenzen bestehen, werden dazugezählt. An Satelliten DNA gibt es auch noch Mini- (maximal 15 Basenpaare) und Mikrosatelliten (1 bis 6 Basenpaare), bei welchen die sich wiederholenden Abschnitte kürzer sind.

Über Vergleiche von Genomsequenzen und andere Studien weiß man, dass die Anzahl an Genen, welche verschiedene Pflanzengenome enthalten, relativ konstant ist, während sich der Anteil an repetitiven Elementen stark unterscheidet (Bennetzen und Wang 2014). Somit erklärt der prozentuale Anteil an repetitiven Elementen einen Großteil der unterschiedlichen Genomgrößen, den man bei Pflanzen findet.

4.2 Effekte von Transposons auf Transkription und Genzusammensetzung sowie genomische Verteidigungsmechanismen gegen Transposonvervielfältigung

Man hat in der Vergangenheit oft von „Junk DNA" gesprochen, wenn man sich auf nicht-kodierende oder repetitive Anteile des Genoms bezogen hat. Heute weiß man jedoch, dass auch repetitive Elemente eine wichtige Rolle erfüllen können (Bennetzen und Wang 2014) bzw. starken Anteil an der Organisation, Funktion und Evolution des Genoms haben (Kidwell und Lisch 2001).

In der Tat können Transposons einen großen Effekt auf die Funktion von Genen sowie auf die Transkription, also das Ablesen von Genen haben. Zum einen können Transposons in kodierende Sequenzen eingefügt werden, was dazu führen kann, dass die kodierende Sequenz zerstört wird. Zum anderen können Transposons in regulatorische Bereiche inserieren, was zur Zerstörung des regulatorischen Elementes und damit zu einer geänderten Aktivierung eines Genes führen kann. Denkt man nun an die große Anzahl transposabler Elemente im Genom, dann stellt sich die Frage, ob diese nicht mit der Zeit ein Genom quasi ‚lahmlegen' können. Theoretisch wäre dies natürlich möglich, aber es haben sich sowohl im Tier- als auch im Pflanzenreich Mechanismen entwickelt, welche der Aktivität von Transposons entgegenwirken. Mutationen treten zufällig und ungerichtet auf und somit sammeln Transposons auch zufällig Mutationen an, welche ihre Aktivierung verhindern. Wieder andere werden durch sogenannte epigenetische Verteidigungsmechanismen lahmgelegt. Unter Epigenetik versteht man Modifikationen der DNA, welche die Reihenfolge der Basen nicht beeinflussen. Manche dieser Modifikationen können die DNA selbst betreffen, andere betreffen nur die Histone, also die „Verpackungsproteine" der DNA (Pray 2008).

So können zum einen Transposons aufgrund von Veränderungen der Histonproteine dichter gepackt werden und sind so nicht so leicht zu aktivieren. An der Modellpflanze *Arabidopsis thaliana* konnte auch gezeigt werden, dass sich im Pflanzengenom befindliche Transposonsequenzen oftmals auf DNA-Ebene methyliert werden. Unter Methylierung versteht man, dass an die Base Cytosin eine Methylgruppe (CH_3-) angehängt wird. In seltenen Fällen kann auch die Base Adenin methyliert werden. Methylierung der DNA bedeutet im Allgemeinen, das die Transkription unterdrückt wird. DNA-Methylierung tritt aber nicht nur in Zusammenhang mit der Stilllegung von Transposons auf sondern spielt in allgemein in der Entwicklung und dem damit verbundenen An- und Abschalten von Genen eine Rolle. Für die DNA-Methylierung sind verschiedene Enzyme verantwortlich. Fehlen diese Enzyme, weil sie beispielsweise durch Mutation inaktiviert wurden, so fehlt die Methylierung vieler Transposons, was diese aktiviert. Somit können sich diese Transposons dann vervielfältigen (Miura et al. 2001).

Transposons haben jedoch nicht immer eine negative Wirkung. Da sie oftmals „beim Springen“ nicht genau ausgeschnitten werden, können sie benachbarte genomische Elemente mitnehmen und gemeinsam mit diesen an anderer Stelle wieder inserieren. Somit kann es zur Neukombination kodierender Bereiche kommen, welche das Potenzial haben, funktional neuartige Proteine hervorzubringen. Damit sind Transposons mit ihrer Wirkung auf Transkription und ihrer potenziellen Rolle in der Neukombination von kodierenden Sequenzen auch wichtige Treiber genetischer Diversität (Pray 2008).

4.3 Der genomische Schock

Abschn. 2.1 hat sich mit Polyploidisierung beschäftigt und dabei auch die Allopolyploidisierung aufgegriffen, bei welcher sich zwei unterschiedliche Arten miteinander fortpflanzen und es in diesem Zusammenhang zu einer Vervielfältigung der genomischen Komplemente kommt. Wenn sich zwei unterschiedliche Arten miteinander fortpflanzen wird dies als Hybridisierung bezeichnet. Im Zuge der Allopolyploidisierung kann es nun dazu kommen, dass es zur Demethylierung von DNA kommt und dadurch zuvor stillgelegte Transposons wieder aktiviert werden (Madlung et al. 2005). Dies geschieht aufgrund einer durch die Hybridisierung induzierten genomischen Instabilität, bzw. dem genomischen Schock (McClintock 1984). Dies wurde z. B. für künstlich hergestellte Hybriden verschiedener *Arabidopsis* Arten gezeigt (Madlung et al. 2005) oder auch für künstliche Weizenhybriden (Kakush et al. 2003).

Allerdings zeigen neuere Daten, dass der genomische Schock keinesfalls immer nach Hybridisierung auftritt. Eine Studie, welche sich ebenfalls mit der Erzeugung synthetischer Hybriden in der Gattung *Arabidopsis* beschäftigte, konnte unter Anwendung neuer Methoden zur Untersuchung von Genomen (Abschn. 6.1) keine Aktivierung von Transposons nach Hybridisierung feststellen (Göbel et al. 2013).

5 Die Genomgröße bei Pflanzen ist dynamisch

Der vorangegangene Abschnitt hat sich unter anderem mit der Vervielfältigung repetitiver Elemente im pflanzlichen Genom beschäftigt und wir haben bereits gelernt, dass eben diese repetitiven Elemente einen großen Anteil des Genoms ausmachen können. Kap. 4 hat sich auch mit genomischen Verteidigungsmechanismen gegen ein Überhandnehmen transposabler Elemente beschäftigt. Jedoch auch diese könnten nicht sicher verhindern, dass Genome immer größer und größer werden. Die Beobachtung aber zeigt, dass Genome nicht ins Unermessliche wachsen. Hingegen gibt es sehr kleine und sehr große Genome, oft in relativ nah verwandten Arten sogar der gleichen Gattung. So hat etwa *Arabidopsis lyrata* ein Genom von etwa 200 Mbp während das Genom von *Arabidopsis thaliana* nur eine Größe von 125 Mbp hat (Hu et al. 2011). Den größten Anteil an diesem Größenunterschied tragen auch hier Transposons. Das Genom von *Arabidopsis thaliana* entspricht aber nicht dem ursprünglichen Zustand in der Gattung, sondern ist abgeleitet. Damit muss es auch Mechanismen geben, welche Genome zum Schrumpfen bringen. Anders als über Mechanismen wie Polyploidisierung und Transposonaktivität, ist nur wenig darüber bekannt wie sich die Genomgröße wieder verkleinern kann. Ungleiche, homologe Rekombination sowie illegitime Rekombination wurden als Prozesse vorgeschlagen, welche zu einer Ansammlung kleinerer Deletionen führen können (Shirasu et al. 2000; Devos et al. 2002; Bennetzen et al. 2005). Bei der ungleichen, homologen Rekombination lagern sich während der Meiose homologe Chromosomen aneinander. Hierbei „finden sich" identische Sequenzen und es kann zum Austausch genetischen Materials zwischen zwei Chromosomen kommen. Nun läuft die Paarung der Sequenzen im Fall der ungleichen homologen Rekombination aber nicht präzise ab. Beispielsweise existiert auf der einen Kopie eines Chromosoms die Genfolge A – C, auf der anderen Kopie die Genfolge A – B – C. Lagern sich nun A und C aneinander, so kann es

C. Kiefer, *Genomevolution bei Pflanzen*, essentials,
https://doi.org/10.1007/978-3-658-33025-5_5

beim Rekombinationsereignis zum Verlust von B kommen. Man muss allerdings beachten, dass dieser Vorgang genauso zu einer weiteren Vervielfachung von B führen kann. Bei der illegitimen oder nicht-homologen Rekombination lagern sich Chromosomenbereiche, welche keine Homologien (Sequenzgleichheit) zeigen, mithilfe eines den Zellen eigenen DNA-Reparatur-Mechanismus aneinander, und rekombinieren miteinander. Weite Bereiche des genauen Mechanismus sind allerdings noch unklar. Dies führt entweder zu neu eingefügten DNA-Segmenten, der Translokation größerer DNA-Abschnitte oder eben auch zur Entfernung von DNA-Abschnitten. Der nicht-homologen Rekombination kommt wohl die größere Bedeutung bei der Verkleinerung von Genomen zu als der ungleichen, homologen Rekombination (Bennetzen et al. 2005).

Die Pflanzenfamilie mit den am meisten untersuchten Genomen sind die Brassicaceae. So wurden auch in diesem Kontext zahlreiche Studien zur Evolution der Genomgröße durchgeführt. Die Brassicaceae oder Kreuzblütler sind eine Pflanzenfamilie, welche etwa 4000 Arten umfasst. Inzwischen hat man mittels Durchflusszytometrie die Genomgröße zahlreicher dieser Arten ermittelt. Bei der Durchflusszytometrie werden aus frisch geerntetem Pflanzenmaterial Zellkerne isoliert und die enthaltene DNA wird mit einem Fluoreszenzfarbstoff markiert. Im Durchflusszytometer leitet ein Flüssigkeitsstrom die Zellkerne an einem Detektorsystem vorbei, welches die Fluoreszenz der markierten DNA anregt und dann misst. Dabei ist die Stärke des Fluoreszenzsignals proportional zum Gehalt der DNA. Es wird dann die Fluoreszenz von mehreren tausend Zellkernen gemessen und die Fluoreszenz mit der von Proben mit bereits bekannter Genomgröße verglichen, was einen guten Eindruck der Menge enthaltener DNA widerspiegelt. Natürlich werden hierbei keine Nukleotide, also DNA Bausteine gezählt. Man erhält nach einigen Berechnungen die Genomgröße in Pikogramm (pg) DNA, aus welcher man sich dann wiederum die ungefähre Anzahl an Basen ausrechnen kann.

Die Messungen des DNA Gehalts über Durchflusszytometrie wurden nun für zahlreiche Arten der Brassicaceae durchgeführt. Eine erste Studie stellte dabei fest, dass die Genomgröße in den 34 untersuchten Arten um das achtfache variiert (Johnston et al. 2005). Eine weitere Studie konzentrierte sich dann auf die Untersuchung naher Verwandten der Modellpflanze *Arabidopsis thaliana* und stellte fest, dass selbst in diesen 26 relativ nah verwandten Arten die Genomgröße um mehr als vierfach variieren kann (Oyama et al. 2008). Schlussendlich lieferte eine weitere Analyse, welche 185 Arten einschloß ein umfassenderes Bild der Genomevolution über die gesamte Pflanzenfamilie der Brassicaceae (Lysak et al. 2008). Aus diesen Daten konnte, auch unter Annahme verschiedener Modelle, berechnet werden, dass die Genomgröße des Vorfahren aller Brassicaceae 0,5 pg war (einfacher Chromosomensatz). Das ist insofern interessant, als dass eine solche Rückrechnung einen Anhaltspunkt dafür gibt, wie sehr sich die Genome der Brassicaceae seit ihrer Entstehung vor etwa 30 Mio. Jahren (Walden et al. 2020) aufgebläht oder auch verkleinert haben. Das kleinste Genom hatte in der Studie von Lysak et al. 2008 die Modellpflanze *Arabidopsis thaliana* (0,16 pg), was sicherlich auch einer der Gründe dafür ist, dass *Arabidopsis thaliana* auch im Zeitalter der Genomuntersuchungen ein wichtiges Forschungsobjekt geblieben ist. In der Tat ist das Genom von *A. thaliana* das erste, pflanzliche Genom, welches sequenziert, also dessen Basenreihenfolge entschlüsselt wurde (The Arabidopsis Genome Initiative 2000) und es ist heute vergleichsweise einfach und günstig weitere Genome anderer Individuen dieser Art zu sequenzieren um beispielsweise Mutationen aufzuspüren, welche hinter der Veränderung eines bestimmten Merkmals stecken. Für *Bunias orientalis,* das Zackenschötchen, wurde die bislang größte Genomgröße in den Brassicaceae von 2,4 pg gemessen. Auch wenn zwischen diesen beiden Arten etwa ein ~16facher Unterschied in der Genomgröße besteht sollte man doch anmerken, dass die meisten Genome der Brassicaceae sich zwischen 0,25 und 0,75 pg bewegen. Auch ist der 16fache Unterschied noch eher als klein zu bewerten, wenn man andere Pflanzenfamilien betrachtet, wie die Asteraceae (Korbblütler, z. B. Sonnenblume, Löwenzahn), in welchen die Genomgröße um bis zu 70fach variieren kann (Vallés et al. 2012). Allerdings hat auch hier die Mehrzahl aller gemessenen Individuen eine Genomgröße zwischen 1,4 bis 3,5 pg, die großen Schwankungen beziehen sich also wirklich nur auf die Extreme.

Aus den Genomgrößenuntersuchungen in den Brassicaceae leitet sich ab, dass zumindest in Hinblick auf das untersuchte Material kein starker Selektionsdruck auf die Genomgröße wirkt und dass die Genomgröße nicht von der Anzahl der Chromosomen abhängt, da auch Arten mit wenigen Chromosomen sehr große Genome haben können (*Physaria;* Lysak et al. 2008).

Irgendeine Art von Selektionsdruck muss jedoch wirken, denn sonst könnten pflanzliche Genome noch erheblich größer werden und die Mehrheit der Werte würde sich auch nicht in einem vergleichsweise engen Korridor befinden wie für die Brassicaceae und Asteraceae gezeigt wurde (Lysak et al. 2008; Vallés et al. 2012).

Neue Studien an „Riesengenomen“ in verschiedenen Organismengruppen (Farne, Lungenfische, *Paris japonica* als Blütenpflanze) legen nahe, dass es vielleicht wirklich eine obere Größe von Genomen gibt, welche allerdings bei unglaublichen 150 Gigabasen (Gb; das sind 150 Mrd. DNA Bausteine!) liegt (Hidalgo et al. 2017). Allerdings haben die meisten Eukaryonten relativ kleine

Genome und Größen schon über 100 Gb sind die absolute Ausnahme. Die Autoren der Studie führen auch die enormen „Kosten" in Form von chemischer Energie sowie den riesigen Bedarf an Stickstoffverbindungen für derart große Genome als limitierenden Faktor an, denn diese Kosten fallen nicht nur bei der Zellteilung an, sondern auch bei der ständig stattfindenden Reparatur der DNA Stränge. Zudem erinnern wir uns an die in Kap. 1 besprochene Struktur der DNA und die Proteine, um welche die DNA Stränge aufgewickelt werden. Diese bestehen aus Aminosäuren, welche Stickstoff aber auch Schwefel enthalten, also zwei weitere Kostenfaktoren, ganz zu schweigen von der Energie, welche die Zellen zur Herstellung von Aminosäuren aufwenden müssen.

Auch haben neuere Studien gezeigt, dass in großen Genomen Gene oft in Bereichen liegen, welche von Regionen, die nur aus inaktiven, repetitiven Sequenzen bestehen, umgeben sind. Da große Genome so stärker als kleine Genome in kodierende und nicht-kodierende Bereiche gegliedert sind, werden repetitive Sequenzen nicht durch Rekombinationsprozesse entfernt und können so Millionen von Jahre erhalten bleiben (Hidalgo et al. 2017).

6 Im Zeitalter von Genomsequenzierung und Pangenomics

6.1 Next Generation Sequencing im Kontext des Pflanzengenoms

In den vorangegangenen Kapiteln ist in Nebensätzen oder kurzen Abschnitten immer wieder der Begriff Genomsequenzierung aufgetaucht und man kann wohl eindeutig sagen, dass wir im Zeitalter der Genomik leben. Kap. 6 soll erklären was eine Genomsequenzierung überhaupt ist, wie sie funktioniert – und was es ist, dieses Zeitalter der Genomik und was man alles für Erkenntnisse aus vergleichenden Genomsequenzierungen gewonnen hat.

In Kap. 5 wurde erwähnt, dass das Genom von *Arabidopsis thaliana* das erste war, welches sequenziert wurde (The Arabidopsis Genome Initiative 2000). Die Sequenz wurde unter viel Beachtung im Jahr 2000 veröffentlicht und war das Ergebnis großer internationaler Anstrengungen und enormer finanzieller Aufwendungen. Seither ist die damals erstellte Sequenz der *Arabidopsis thaliana* Linie „*Columbia*" stetig verbessert und korrigiert worden und kann im Internet eingesehen und z. B. nach Genen und vielem mehr durchsucht werden. Es ist damit eine der wichtigsten Ressourcen in den Pflanzenwissenschaften entstanden, welche ständig gepflegt und erweitert wird. Das *Arabidopsis thaliana* Genom wurde damals mit einer Methode sequenziert, welche als Sanger Sequenzierung bezeichnet wird (Abb. 6.1a). Dabei werden Teile des Genoms über eine sogenannte Polymerasekettenreaktion (engl. Polymerase Chain Reaction; PCR) vervielfältigt. Anders als es bei diesem Standardverfahren normalerweise der Fall ist, wird allerdings eine Mischung aus DNA-Bausteinen verwendet, welche zum einen Teil normal zur Verlängerung der DNA Kette eingesetzt werden können, zum anderen

C. Kiefer, *Genomevolution bei Pflanzen*, essentials,
https://doi.org/10.1007/978-3-658-33025-5_6

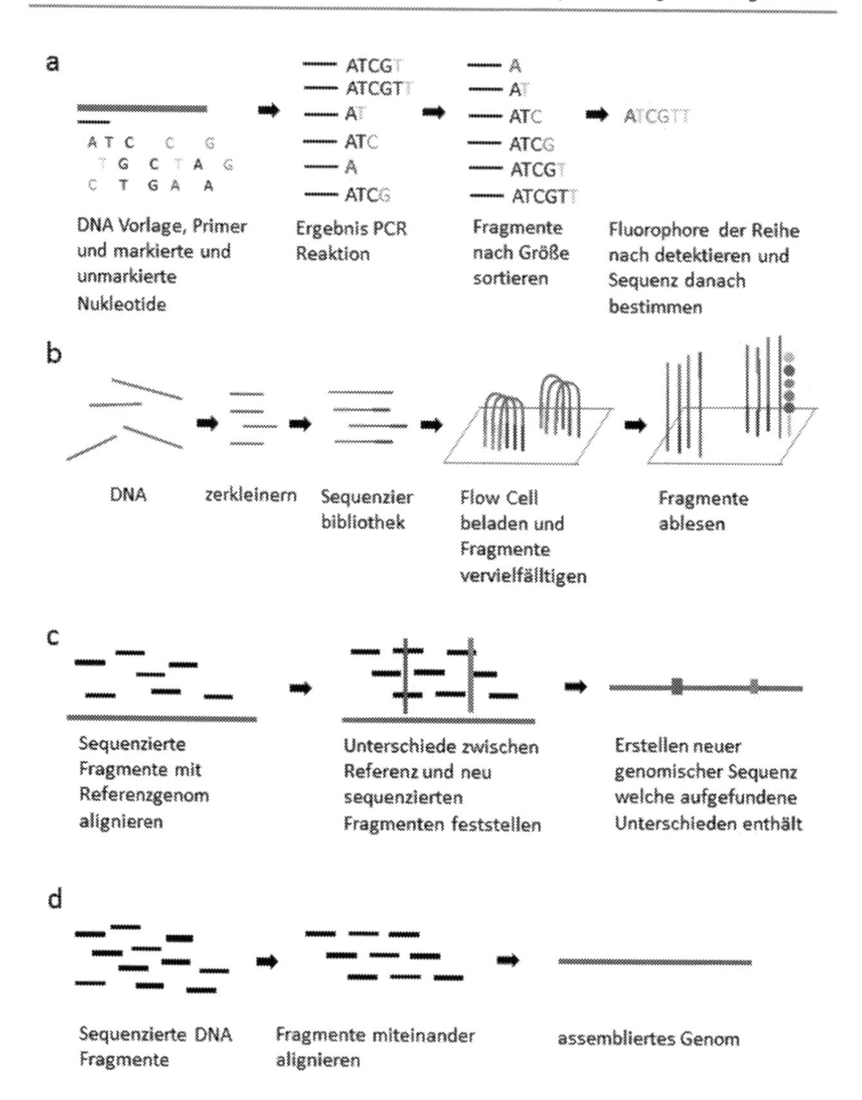

Abb. 6.1. Sequenziertechniken. **a** Sanger Sequenzierung, **b** Sequenzierverfahren nach Illumina, **c** Referenzbasierendes Genom Assembly, **d** de novo Assembly

Teil aber ein vom Baustein abhängiges Fluorophor (ein angehängter Fluoreszenzfarbstoff) tragen, welches zu einem Abbruch der Reaktion führt. Dadurch entstehen PCR-Produkte in zahlreichen unterschiedlichen Längen, welche jeweils am Ende einen fluoreszenzmarkierten Baustein tragen. Diese Produkte werden dann in einem als Elektrophorese bezeichneten Verfahren nach der Größe „sortiert" und an einem Lasersystem vorbeigeleitet, welches dann der Reihe nach die Fluoreszenzfarbstoffe detektiert. Ein grün markierter Farbstoff könnte dabei z. B. dem Baustein T entsprechen und ein roter Farbstoff dem Baustein A. So liest das Sequenziergerät also immer den angehängten Fluorophor ab und erstellt aus der Reihenfolge grün-rot dann die Basenfolge A-T. Mit modernen Geräten können so Leseweiten von bis zu 1000 Basen erreicht werden. Diese Art der Sequenzierung hat eine relativ niedrige Fehlerrate, ist aber auch relativ teuer und in der Durchführung recht zeitaufwendig. So hat man etwa 10 Jahre gebraucht um das *Arabidopsis thaliana* Genom zu entschlüsseln und es wurden etwa 100 Mio. US Dollar dafür aufgewendet (Goff et al. 2014). So teuer ist es heute bei weitem nicht mehr, wenn man ein Genom sequenzieren will. Die Technik hat sich weiterentwickelt und die sogenannten Next Generation Sequencing Technologien sind entstanden. Vielen dieser Techniken ist gemein, dass die gesamte genomische DNA zunächst meist mechanisch in kleine wenige 100 Basenpaare lange Stücke zerlegt wird. Es werden Adaptersequenzen an die Enden dieser DNA Stücke angefügt und von diesen aus werden auch wieder PCR-Reaktionen gestartet. Allerdings geschieht dies nicht mit für jedes DNA Stück einzeln angesetzten Reaktionen wie in der Sanger Sequenzierung sondern es werden massenhaft parallel Reaktionen durchgeführt. Beim wohl heutzutage meist verwendeten Verfahren, welches von der Firma Illumina (San Diego, California, USA; Abb. 2b) angeboten wird, werden diese parallelen Reaktionen in sogenannten Flow Cells gestartet, wobei die für die Reaktion benötigten Chemikalien durch diese Flow Cell immer wieder durchgespült werden. Die DNA Stücke sind an die Oberfläche der Flow Cell gebunden, die Chemikalien zur Kettenverlängerung in der PCR Reaktion werden hindurchgeleitet und die ebenfalls fluoreszenzmarkierten Nukleotide werden eingebaut und die Reaktion stoppt wie bei der Sanger Sequenzierung. Dann wird von oben ein Foto der Flow Cell von einer hochsensitiven Kamera aufgenommen und die einzelnen fluoreszierenden Punkte werden ausgewertet. Der Einbau des markierten Nukleotids führt hier allerdings nicht zu einem irreversiblen Abbruch der Kettenreaktion. Der Fluorophor kann abgespalten und abgewaschen werden, sodass ein neues Nukleotid eingebaut werden kann. So kann ein neuer Zyklus der Kettenverlängerung folgen. Es folgen also immer Durchspülen der Chemikalien mit Einbau eines weiteren DNA Bausteins, Detektion der Fluoreszenz, Abschneiden des Fluorophors, Waschen der Flow Cell und erneutes Durchspülen der Chemikalien aufeinander bis die gewünschte Leseweite erreicht ist. Das waren zu Anfang der Technik bis zu 75 bp, heute sind auch mehrere hundert Basenpaare möglich. In vielen Anwendungen werden 150 bp der DNA Fragmente vom einen Ende her und 150 bp der DNA Fragmente vom anderen Ende her sequenziert was als Paired End Sequenzierung bezeichnet wird. Dazwischen bleibt dann je nach Größe der eingesetzten DNA Fragmente eine Lücke bestehen. Der Nutzen dieser Paired End Sequenzierung offenbart sich sofort, wenn man darüber nachdenkt, wie diese vielen 150 bp Stückchen nun zu einem Genom zusammengebaut werden sollen. Man sitzt also zunächst vor einem gigantischen Puzzle aus Millionen (!!!) von 150 bp Schnipseln. Verschiedene Computeralgorithmen versuchen dann diese Sequenzstückchen durch das Auffinden überlappender Bereiche zusammenzusetzen (Abb. 6.1d). Dabei helfen die Paired Ends enorm, denn man weiß ja, dass zu den einen 150 bp in einer bestimmten Entfernung auch die anderen 150 bp passen müssen, was die Qualität des Assemblies (Zusammenbaus des Genoms) erheblich steigert. Die aus den überlappenden Sequenzstückchen entstehenden Sequenzketten werden als Contigs bezeichnet. Sind die Sequenzen eindeutig zuzuordnen, dann können die Contigs mehrere tausend Basenpaare lang werden. Wenn wir uns nun an Kap. 4 und 5 erinnern fällt uns aber sofort eine Schwierigkeit auf. Pflanzengenome sind voll von repetitiven Elementen. Und diese bringen dann die Algorithmen, welche das Genom zusammenbauen sollen ins Schleudern. Läuft der Assembler (= das Computerprogramm, welches die DNA-Fragmente zusammensetzt) in ein repetitives Element, dann weiß er nicht mehr, zu welchem Contig die Sequenzstückchen denn nun zuzuordnen sind, es sei denn das Element ist kürzer als die Größe des sequenzierten DNA Stückes. Damit bricht das Assembly ab. Und so hat man am Ende kein vollständig zusammengesetztes Genom sondern oft viele tausend Contigs. Man kann sich weiterhelfen, indem man die DNA zur Sequenzierung nicht in so kleine Stücke zerlegt, sondern zusätzlich Stücke von 2000, 3000 oder 10.000 Basenpaaren Länge von beiden Enden her ansequenziert (die 150 bp jeweils). Dann weiß man durch die Paarung der Sequenzstücke, dass z. B. die einen 150 bp am besten zu Contig 1 passen und die anderen 150 bp am besten zu Contig 57. Wenn man das durch weitere Paare bestätigen kann werden die beiden Contigs miteinander verbunden und die Lücke dazwischen in der entsprechenden Größe (gerechnet vom Abstand, den die 150 bp jeweils zueinander haben sollen) mit ‚N' aufgefüllt, was für jede der vier Basen stehen kann, also unbestimmter Sequenz entspricht. So erhält man sogenannte Scaffolds, welche deutlich länger als die Contigs sein können. Hat man viel Glück und ein Genom, welches relativ arm an repetitiven Elementen ist, dann kann man vielleicht Scaffolds von der Länge eines Chromosomenarmes erhalten. Aber die repetitiven

Elemente, welche die Zentromere der Chromosomen bilden wird man so nicht überbrücken können. Auch einfach duplizierte Gene, wie sich durch Transposonaktivität oder Polyploidisierungsereignisse in der Vergangenheit entstehen können sind ein Problem bei der Genomassemblierung. Oft fallen diese duplizierten Gene oder Teile davon aus dem Assembly heraus, wenn diese noch zu ähnlich sind um eindeutig zugeordnet zu werden.

Die sequenzierten DNA-Stücke sind natürlich nicht fehlerfrei. Das Enzym DNA-Polymerase, welches die Nukleotidbausteine aneinanderheftet, vertut sich auch das ein oder andere Mal. Deshalb wird das Genom nicht nur einmal abgelesen, also sequenziert, sondern für ein *de novo* Assembly etwa 50-mal. Man spricht von einer Coverage von 50x. Jede Stelle der sequenzierbaren Bereiche sollte also 50-mal abgelesen worden sein. Fällt nun eine Sequenz aus der Reihe und trägt beispielsweise ein T statt einem A, dann fällt dies nicht mehr auf, da in der abschließend erstellten Gesamtsequenz die Mehrheit der an einer Stelle gelesenen Basen zählt, in diesem Fall wäre das also ein A. Hieraus ergibt sich auch, dass es problematisch sein kann, wenn man mit heterozygotem Material arbeitet, wenn also zwei sich durch Mutationen unterscheidende Allele vorhanden sind. Hier sollten theoretisch 50 % der sequenzierten DNA-Stücke dem einen Allel und 50 % dem anderen Allel entsprechen. Das stimmt natürlich nicht so ganz genau, dass jeweils die Hälfte einem Allel entspricht, da das eine Allel gegenüber dem anderen auch zufällig etwas häufiger sequenziert worden sein kann und man somit vielleicht 30 % der sequenzierten DNA-Stücke dem einen und 70 % dem anderen Allel entsprechen. Manchmal können auch Allele so unterschiedlich sein, dass die zum Assembly verwendeten Computeralgorithmen diese auf zwei Contigs verteilen und das Genom so in noch mehr kleine assemblierte Bruchstücke zerfällt. Deshalb werden vor vielen Genomsequenzierungen, welche auf hoch qualitative Genome abzielen, die verwendeten Pflanzen für mehrere Generationen mit sich selbst vermehrt (geselbstet), da so genetische Diversität verloren geht und mehr homozygote Bereiche entstehen. Dies schließt sich natürlich aus, wenn man mit Aufsammlungen aus wilden Populationen arbeitet und man sich z. B. für deren genetische Diversität interessiert.

Mittlerweile ist die dritte Generation der Next Generation Sequencing Technologien entwickelt worden, welche immer noch auf parallele Sequenzierung aber vor allem auch auf erheblich längere Leseweiten setzt, um das Problem repetitiver Elemente und duplizierter Gene zu umgehen. In weiten Bereichen stecken diese Technologien noch in den Kinderschuhen und kämpfen mit hohen Fehlerraten oder sind nur für kleine bakterielle oder virale Genome wirklich zu gebrauchen. Aber die Technologie entwickelt sich rasant weiter und große, unhandliche Geräte machen kleinen Geräten in der Größe eines Mobiltelefons Platz. Mit den modernen Möglichkeiten der Genomsequenzierung erhält die Wissenschaft völlig neue Zugänge zu verschiedensten biologischen Fragestellungen. Wie verändert sich beispielsweise das Geninventar eines Genoms während der Evolution verschiedener Arten und gibt es auch innerartliche Unterschiede im „Gengehalt“ eines Genoms? Und wie helfen einem die für einzelne Arten massenweise vorhandenen Sequenzierdaten bei dem Auffinden von Genvarianten, welche für ein bestimmtes Merkmal verantwortlich sind?

6.2 Gene Space Evolution

Nach den vorangegangenen fünf Kapiteln dürfte es inzwischen klar sein, dass Genome keine statischen Einheiten bilden, sondern dass es sich um höchst dynamische Systeme handelt. Sie schwanken in ihrer gesamten Größe, dem Anteil repetitiver Elemente oder der Anzahl der Genomkopien. Jedoch unterscheiden sich Genome unterschiedlicher Arten auch erheblich in ihrem Geninventar, einem Teil des Genoms, welcher gemeinsam mit den Genen assoziierten nicht-codierenden Bereichen oft auch als Gene Space bezeichnet wird. Eine Studie aus dem Jahr 2011 (Massa et al. 2011) verglich 9,4 Mio. Basen des *Aegilops tauschii* Genoms mit den entsprechenden Regionen der Genome drei weiterer Gräser. Basierend auf der bekannten gesamten Genanzahl in den insgesamt vier Gräsern konnte abgeleitet werden, dass der gemeinsame Vorfahr der vier Arten 28.558 Gene besaß und relativ dazu eine der untersuchten Arten etwa 3000 Gene seit der Trennung von dem Vorfahren verloren hatte, während in einer anderen Art fast 8000 Gene hinzukamen. Zudem folgerten Massa et al. (2011), dass die Gesamtzahl der Gene von der Duplikationsrate von Genen abhängt, welche wiederum durch die Genomgröße bestimmt wird. Dies könnte wiederum mit der Aktivität der in großen Genomen häufiger vorkommenden Transposons steht, was aber bislang nur eine Hypothese ist und noch gezeigt werden muss.

Auch der Vergleich des *Arabidopsis thaliana* Genoms mit dem Genom der sehr nah verwandten *Arabidopsis lyrata* ermöglichte einen Einblick in die Evolution des Geninventars in einer vergleichsweise kurzen Zeit (Hu et al. 2011). Während das Genom von *Arabidopsis thaliana* nur „überschaubare“ 125 Mio. Basenpaare groß ist, ist das Genom von *Arabidobsis lyrata* schon aus 207 Mio. Bausteinen zusammengesetzt. Ein großer Teil dieses Größenunterschiedes geht auf zahlreiche kleinere Deletionen (d. h. entfernte Bereiche) im *Arabidopsis thaliana* Genom zurück, welche vor allem nicht-kodierende Bereiche und Transposons umfassen.

Aber auch die Anzahl der Gene ist betroffen. Gene, welche für Proteine mit ähnlichen Funktionen kodieren, werden als Genfamilien zusammengefasst. So sind zahlreiche Genfamilien in *A. thaliana* kleiner (umfassen also weniger Gene) als in *A. lyrata*. Insgesamt hat *A. thaliana* 17 % weniger Gene als *A. lyrata* (Hu et al. 2011). Auch ergab der Vergleich des *A. lyrata* und *A. thaliana* Genoms mit den Genomen anderer höherer Pflanzen, dass das *A. thaliana* im Vergleich recht stark in seiner Genanzahl reduziert ist. Die Qualität der Vergleiche des Geninventars hängt stark von der Qualität ab, mit welcher Gene im Genom überhaupt aufgefunden haben. Dies ist keine einfache Aufgabe. Man kann mithilfe typischer Charakteristika von Genen – wie Startsequenz am Anfang und Stoppsequenz am Ende sowie ggf. Erkennungsstellen, an welchen die Boten RNA vor der Übersetzung auf Proteinebene auseinanderschnitten wird – Gene „vorhersagen". Dabei durchsucht ein Computerprogramm die erstellte DNA Sequenz nach den angegebenen Merkmalen und legt dabei fest, wo sich Gene befinden könnten. Dies ist aber nur eine Vorhersage. Eine Sequenz kann wie ein Gen aussehen, aber keines sein und umgekehrt gibt es auch Ausnahmen von der Regel und ein Gen muss nicht der bekannten Struktur folgen. Genauso gibt es Gene, welche nicht für Proteine kodieren, sondern wo die transkribierte RNA die eigentliche z. B. regulatorische Rolle übernimmt. Diese können in ihrer Struktur von protein-kodierenden Genen abweichen und werden so nicht erkannt. Am besten ist es, sich für seine Genmodelle aus weiteren Sequenzierdaten Unterstützung zu holen. Dazu sammelt man möglichst viele verschiedene Gewebe der Pflanze, deren Genom sequenziert wurde und extrahiert daraus mRNA, welche dann wiederum sequenziert wird. Für diese mRNA Sequenzen sucht man nun die am besten passenden Sequenzen im sequenzierten Genom. So erhält man für viele der annotierten Gene den Beweis für ihre Aktivität, da es eben zu ihnen passende mRNA Sequenzen gibt. Andererseits wird man auch unannotierte Stellen finden, zu welchen mRNA Sequenzen passen oder vorhergesagte Gene völlig ohne dazugehörige mRNA Sequenzen. Dies sind vielleicht die schwierigeren Fälle, da man nicht sichergehen kann, dass man wirklich alle Entwicklungsstadien und Gewebe der sequenzierten Pflanze beprobt hat und man so den Zeitpunkt, an welchem das Gen aktiv war verpasst hat. Vielleicht wird aber auch nur sehr wenig der mRNA hergestellt und deshalb wurde zu wenig davon sequenziert um ein signifikantes Ergebnis zu erhalten.

Für das oben schon beschrieben *A. lyrata* Genom wurde 2015 eine neue Annotation publiziert. In der ersten Version waren 32.670 Gene beschrieben worden (Hu et al. 2011). In der zweiten Version waren es nur noch 31.132 verlässliche Gene (Rawat et al. 2015). Da mittlerweile weitere Genome aus Arten der gleichen Pflanzenfamilie sequenziert worden waren, wurde das Geninventar von sechs unterschiedlichen Vertretern der Kreuzblütler miteinander verglichen. Es wurden sich entsprechende Sequenzen (Orthologe) bestimmt und es zeigte sich, dass alle sechs Arten 15.105 Gene miteinander teilten, also etwa die Hälfte der Gesamtheit ihres jeweiligen Geninventars. 24.146 Gene in *A. lyrata* hatten zumindest in einer der untersuchten Art ein Ortholog. Das bedeutet aber auch, dass *A. lyrata* etwa 7000 Gene besitzt, welche in keiner der anderen untersuchten Arten vorkommen, d. h. dass es sich um Gene handelt, welche nur in *A. lyrata* evolviert sind. Damit sind etwa 20 % der Gene artspezifisch.

Zahlreiche vergleichende Studien haben sich nicht mit dem Vergleich des gesamten Geninventars beschäftigt, sondern mit der Evolution verschiedener Genfamilien. So wurden zwischen verschiedenen Rosaceae wie etwa Mandel, Pfirsich und Pflaume untersucht, wie sich Genfamilien bestimmter Transkriptionsfaktoren (Regulatoren dafür ob und wie stark ein Gen aktiviert wird) in den Arten unterscheiden (z. B. Li et al. 2019; Wang et al. 2015; Chen et al. 2016) und es wurde versucht Hypothesen zu bilden, welchen Effekt dies in den einzelnen Arten haben könnte. So wurden z. B. in Pfirsich 58 *WRKY* Transkriptionsfaktoren im Pfirsichgenom ausfindig gemacht und mit bekannten Sequenzen von *WRKY* Transkriptionsfaktoren aus den Genomen von Reis und *A. thaliana* verglichen. Anhand weiterer Daten wurden die *WRKY* Gene in Pfirsich identifiziert, welche in Pfirsichknospen während der Knospenruhe (Dormanz) aktiv sind. Dormante, also ruhende Knospen, sind ein typisches Merkmal mehrjähriger Pflanzen. Damit konnten diese Gene als wichtige Kandidaten in der Regulation des mehrjährigen Wachstums des Pfirsichbaumes vorgeschlagen werden.

6.3 Whole Genome Sequencing und Association Mapping

Da mit den neuen Sequenziermethoden die Sequenzierung ganzer Genome relativ einfach und erheblich günstiger geworden ist, schließen nun zahlreiche Studien auch genomische Daten mit ein. Besonders einfach gestaltet sich die Generierung eines genomischen Datensatzes, wenn bereits das Genom einer anderen Aufsammlung der gleichen Art vorhanden ist. Wenn man beim Beispiel von *Arabidopsis thaliana* als Modell bleibt, so könnte man sich vorstellen, dass man quer durch ganz Europa *Arabidopsis* Pflanzen sammelt um diese hinsichtlich von Mutationen in bestimmten Genen zu untersuchen. Diese neuen Aufsammlungen muss man dann lange nicht so oft sequenzieren, wie für ein in 6.1 beschriebenes de novo Assembly. Oft reichen hier 10 × oder 15x, da man sich das bereits sequenzierte Genom als Referenz zu Nutzen machen kann. Hierbei verwendet man andere Computer Algorithmen, welche versuchen für die einzelnen sequenzierten DNA-Stücke den am besten passenden Ort im Referenzgenom aufzufinden

(Abb. 6.1c). An diesem ähnlichsten Ort wird das DNA- Stück dann sozusagen abgelegt. Man spricht hierbei von einem Alignement der beiden Sequenzen. Es wird ein referenzbasierendes Assembly erstellt. Da für einen solchen Ansatz erheblich weniger Sequenzieraufwand betrieben werden muss, kann man viel mehr Individuen für die gleichen Kosten einer de novo Sequenzierung sequenzieren. Aber was kann man denn nun mit so vielen sequenzierten Genomen der gleichen Art anfangen? Man könnte sich hier vorstellen, dass einige Individuen der gleichen Art auf großer Höhe in den Bergen wachsen, während die anderen Individuen nur im Flachland vorkommen. Eine Pflanze, die in den Bergen wächst ist ganz anderen Klimaten ausgesetzt als eine Pflanze, welche nur im Flachland gedeiht. In den Bergen ist die Sonneneinstrahlung stärker, d. h. die UV-Belastung höher und auch die Winter sind kälter, die Vegetationsperiode an sich kürzer, weil ggf. Schnee liegt oder es einfach lange kalt bleibt. Es müssen also Mutationen stattgefunden haben, welche z. B. die Expression von Genen verändern, welche der Pflanze helfen mit stärkerer UV-Strahlung und kälteren Temperaturen klarzukommen. Wie findet man aber diese Mutationen? Man kann nun die Genome der Individuen aus dem Flachland mit denen der Individuen aus den Bergen vergleichen. Dabei werden nun die Mutationen gezählt, welche die beiden Gruppen unterscheiden und entlang der Chromosomen aufgetragen. Mutationen entstehen zufällig und so wird man einen mehr oder weniger schwankenden Hintergrund an Mutationen erhalten. Man kann aber auch ggf. Stellen feststellen, an welchen sich z. B. in der „Berggruppe" eine Region besonders von der „Flachlandgruppe" unterscheidet. Dies könnten dann Regionen sein, welche mit der Anpassung – in unserem Beispiel an den Lebensraum Berg – in Verbindung stehen können. Diese Mutationen können sowohl im kodierenden als auch im nicht-kodierenden Bereich liegen. Mutationen im nicht-kodierenden Bereich können an der Regulation der Genexpression beteiligt sein und zum Beispiel die stärkere Expression eines in der Bergumgebung vorteilhaften Enzyms bedingen (z. B. eines, welches an der Synthese von Anthocyanen beteiligt ist, welche als roter Farbstoff bei Pflanzen eine Rolle im Schutz vor UV-Strahlung spielen). Beispiele für GWAS Studien sind häufig zusammengefasst worden wie etwa in Brachi et al. (2011) oder Dongmei et al. (2019).

Mutationen aufzufinden ist relative leicht, wenn sich die untersuchten Genome nicht stark unterscheiden. In diesem Kontext vergleichbare Bereiche müssen irgendwann einen gemeinsamen Vorfahren gehabt haben. Man bezeichnet sie als Orthologe (ein Paralog wäre dann durch eine Duplikation entstanden, stünde aber ggf. in einem anderen genomischen Kontext, also einer anderen genomischen Umgebung). Wie sieht es jetzt aber bei unterschiedlichen Arten aus? Es wird schwieriger orthologe Bereiche herauszufinden, da Genome sich über die Zeit stark verändern. Gene ändern ihre Position, Chromosomen ändern ihre Struktur. Auch basieren GWAS Studien darauf, dass die Mutationen, welche man auffindet immer dieselben sind. Dies wird mit zunehmender evolutionärer Distanz unwahrscheinlicher, auch wenn die gleichen Gene in unterschiedlichen Arten betroffen sind. Dies ist im Übrigen ein hochinteressantes Phänomen. In „prä-genomischen Zeiten“ hat man schon oft das parallele Entstehen gleicher Merkmale beobachtet. So ist die rote Blütenfarbe nicht nur einmal entstanden, sondern mehrfach unabhängig voneinander. Man spricht hierbei von konvergenter Evolution. Nun im genomischen Zeitalter kann man aber beobachten, dass es tatsächlich oft die gleichen Gene sind, welche an der Entstehung eines Merkmals in unterschiedlichen Arten beteiligt sind. Dies wird dann als parallele Evolution bezeichnet. Eine der ersten und weitreichendsten Studien zu paralleler Evolution wurde in den Brassicaceae durchgeführt (Kiefer et al. 2019). Hierbei wurden über 30 Genome sequenziert und in diesem Fall tatsächlich de novo assembliert. Da Mutationen im Vergleich von mehr als 30 Arten über eine ganze Pflanzenfamilie nur schwierig ausgewertet werden können, wurde ein neuer Ansatz gewählt. Es wurden orthologe Gene zwischen allen untersuchten Arten bestimmt. Jedoch wurden nicht die Gene analysiert, welche wirklich in allen Arten vorhanden waren, sondern nur die, welche nur in einem Teil der Arten vorkamen. Die untersuchten Arten wurden hinsichtlich ihrer Blattform charakterisiert – also ob die Blätter ganzrandig waren oder ob die Blattspreite (Fläche des Blattes) geteilt war (wie z. B. bei einer Tomatenpflanze). Dann wurde untersucht, ob den Arten mit geteilten Blättern immer das gleiche Gen fehlt bzw. ob nur sie als Gruppe ein bestimmtes Gen mehr haben als die Arten mit ganzrandigen Blättern. In der Tat fand sich eine ganze Reihe von Genen, welche entweder nur in den Pflanzen mit geteilten Blättern vorhanden waren oder welche dort fehlten. Unter den Genen, die nur in dieser Gruppe existierten fand sich auch ein Gen, von welchem man bereits wusste, dass es nur in Brassicaceae mit geteilten Blättern vorkommt. Somit konnte gezeigt werden, dass der parallel unabhängig auftretende Verlust von Genen bzw. die parallel unabhängig auftretende Duplikation eines Gens zu ein und demselben Phänotyp (Aussehen) führen kann. Weitergehende Studien, welche eine große Anzahl an Arten vergleichen benötigen gut assemblierte Genome, d. h. Genome, welche möglichst auf Chromosomenebene assembliert sind.

6.4 ‚Recombination Hotspots' und unterschiedlich schnell mutierende Gene

Es ist für ein Gen nicht gleichgültig, an welcher Position im Genom es sich befindet. Die Umgebung, der sogenannte genomische Kontext, kann „das Schicksal" eines Gens maßgeblich beeinflussen. Zum Beispiel kenn man schon länger sogenannte Rekombinations-Hotspots. In diesen Bereichen kommt es während der Keimzellbildung erheblich öfter zu Rekombinationsereignissen als in anderen Bereichen. Es wird also mit höherer Frequenz genetisches Material zwischen homologen Chromosomenregionen ausgetauscht. Rekombinations-Hotspots wurden in Mais und Reis, aber auch in der Modellpflanze *Arabidopsis thaliana* beschrieben. Hier konnte man durch Vergleich verschiedener Datensätze bestimmen, dass sich Rekombinations-Hotspots zumeist am Transkriptionsstart sowie dem Transkriptionsende befinden (Choi und Henderson 2015). Gleiches wurde auch für die Gauklerblume, *Mimulus guttatus,* gezeigt (Hellsten et al. 2013). Generell lässt sich sagen, dass genreiche Bereiche des Genoms, welche wenige Repeats enthalten erheblich häufiger rekombinieren als Bereiche, welche viele Repeats enthalten (siehe Review in Choi und Henderson 2015). Doch nicht nur die Repeatdichte spielt eine Rolle. Im ersten Kapitel des Essentials haben wir etwas über die DNA und ihre „Verpackung" gelernt. Die DNA liegt ja nicht nackt im Zellkern vor, sondern gepackt und aufgewickelt um Histonproteine. Von diesen Proteinen gibt es teilweise verschiedene Varianten und eine davon, H2A.Z scheint, wenn sie gleich am Transkriptionsstart eines Genes vorkommt, zu einer erhöhten Rekombinationsfrequenz zu führen. Zudem ist dann das Histonprotein H2A.Z auch noch durch Anhängen einer sogenannten Methylgruppe (-CH_3) modifiziert (Wijnker et al. 2013). Auch andere Modifikationen verschiedener Histonproteine können als Signal zur Rekombination dienen (siehe Choi und Henderson 2015). Doch was ist nun eigentlich ein Vorteil einer erhöhten Rekombinationsrate in verschiedenen Bereichen des Genoms? Rekombination führt generell zu einer Durchmischung des Erbgutes. Wenn dies mit höherer Frequenz geschieht, so findet auch mehr Durchmischung statt. Es entstehen gegebenenfalls neue Varianten, auf welche die natürliche Selektion wirken kann. Das Vorhandensein von Rekombinationshotspots an Transkriptionsstart und Ende könnte bedeuten, dass Gene komplett durch Rekombination in einen anderen genomischen Hintergrund (das andere homologe Chromosom) hinein rekombiniert werden können ohne dass die Funktion der Gene gestört wird und dass so vorteilhafte Genvarianten leicht in einer Population verbreitet werden können (Schwarzkopf et al. 2020).

Im Kapitel, in welchem wir uns mit repetitiven Elementen beschäftigt haben sind wir auch dem Phänomen der DNA-Methylierung begegnet. DNA-Methylierung kann im Kontext unterschiedlicher Sequenzen vorkommen. In Pflanzen kann Methylierung im Kontext CG, CHG und CHH vorkommen (H = A, T oder C) wobei jeweils das Cytosin methyliert wird (es wird eine Methylgruppe – CH_3 – angehängt). Dabei spielen abhängig vom Sequenzkontext unterschiedliche Gene oder Regulationswege eine Rolle. MET1 ist für Methylierung im CG-Kontext verantwortlich, Chromomethylasen spielen eine Rolle in der Methylierung im CHH und CHG Kontext in repetitiven Elementen und Transposons und CHH Methylierung in anderen Sequenzen wird durch den sogenannten RdDM-Weg erhalten (RNA-directed DNA Methylation) (siehe Review in Bräutigam und Cronk 2018). DNA-Methylierung kann auch in aktiv transkribierten Genen auftreten. Man spricht dann von Gene Body Methylation (gbM). Gene, welche gbM zeigen sind meist Gene, welche kontinuierlich exprimiert werden, also Gene, deren Produkte eine generelle wichtige Funktion in Stoffwechselwegen haben. Etwa 20 % der Gene von *Arabidopsis thaliana* zeigen gbM (Takuno und Gaut 2012). Es ist unklar, welche Funktion gbM genau hat. Der Erhalt der gbM im Laufe der Evolution über verschiedenste Pflanzenarten in sich entsprechenden Genen spricht dafür, dass diese Arte der Methylierung eine wichtige Funktion haben könnte (Bräutigam und Cronk 2018; Seymour und Gaut 2019). Jedoch gibt es auch Fälle in den Brassicaceae, in welchen gbM verloren gegangen ist, ohne das ein negativer Effekt zu beobachten ist (Bewick et al. 2016; Kiefer et al. 2019). Auch wenn die eigentliche Funktion der gbM noch unklar ist, lässt sich jedoch ein sehr interessanter Aspekt herausgreifen – Gene, welche gbM zeigen, evolvieren langsamer (Seymour und Gaut 2019). Das ist insofern etwas überraschen, als dass gbM dazu führt, dass es leichter zu einem bestimmten Mutationstypus kommen kann. Es handelt sich dabei um Substitutionen, bei welchen C gegen T ausgetauscht wird. In der Tat wurde gezeigt, dass Pflanzenarten, welche ihre gbM im Laufe der Evolution verloren haben, eine niedrigere Substitutionsrate als Pflanzen zeigen, in welchen gbM erhalten geblieben ist (Kiefer et al. 2019). Erst weitere Studien werden zeigen, welchen Effekt gbM hat bzw. ob es überhaupt einen Effekt oder Nutzen gibt und es sich nicht um ein „Nebenprodukt" anderer Prozesse handelt.

6.5 Pangenomics – das Genom einer Art

Die Verfügbarkeit moderner Sequenziermethoden hat zur Erzeugung einer schier endlosen Masse an Daten geführt. Längst ist es nicht mehr nur ein *Arabidopsis* Genom was sequenziert wurde, sondern weit mehr als 1000. Die meisten der Genome wurden mithilfe einer sogenannten Referenzsequenz assembliert, d. h. für jedes sequenzierte, winzige (75–150 bp) DNA Stückchen wurde der am besten passende Ort in einer bereits bekannten Sequenz gesucht. Durch Sequenzieren von Millionen von DNA-Fragmenten können so alle Bereiche des Referenzgenoms abgedeckt werden – zumindest so lange diese auch in dem neu sequenzierten Organismus vorkommen. Enthält das neu sequenzierte Genom einige Bereiche nicht, so entstehen Lücken, welche Deletionen darstellen. Es kann aber auch umgekehrt sein – der neu sequenzierte Organismus enthält Bereiche, ja Gene, die im Referenzgenom nicht enthalten sind. Was passiert nun? Wenn man für alle sequenzierten DNA-Fragmente einen Platz im Referenzgenom sucht, dann bleiben die DNA-Fragmente, welche zu einem nicht enthaltenen Fragment gehören, übrig. Schaut man sich die übrig gebliebenen Fragmente nicht weiter an, dann wird man nicht erfahren, dass im Genom des neu sequenzierten Organismus vielleicht noch zusätzliche Gene enthalten waren. Und dass solche zusätzlichen Gene oder größere strukturelle Veränderungen nicht selten sind, hat sich inzwischen mehrfach gezeigt. So brachte ein *de novo* Assembly einer anderen *Arabidopsis* Aufsammlung *(Nd-1)* ans Licht, dass es eine große Inversion auf Chromosom 4 gibt, welche etwa eine Million Basenpaare umfasst. Dies mag trivial klingen – man könnte sagen, dass eben einfach eine Million Basenpaare eine andere Orientierung haben. Zeigte ein Gen in einer anderen Aufsammlung „nach rechts", so zeigte es nun in dieser Aufsammlung „nach links". Aber man muss sich den Effekt einer solchen Inversion vorstellen. Bildet sich ein Hybrid aus einem Individuum mit Inversion und einem ohne, dann mag das gut gehen, aber bei der Keimzellbildung kann es Probleme geben. Rekombination wird vermutlich in diesen Abschnitten nicht funktionieren, da sich die homologen Bereiche fast nicht mehr finden (Pucker et al. 2019). Aber die Inversion war nicht der einzige Unterschied. Neben weiteren strukturellen Mutationen zeigte sich, dass 947 Gene in der Aufsammlung *Nd-1* Vervielfältigungen von 421 Genen aus der Aufsammlung *Col-0* entsprachen. Des Weiteren wurde die neu assemblierte Sequenz mit der von 964 weiteren *Arabidopsis thaliana* Aufsammlungen verglichen. Dieser Vergleich zeigte, dass 25.809 Gene in fast allen Aufsammlungen vorhanden waren. 1438 Gene wurden nur in einzelnen Aufsammlungen gefunden (Pucker et al. 2019). In einer anderen Studie wurden sieben weitere Genome verschiedener *Arabidopsis* Aufsammlungen *de novo* assembliert. Für 4957 Gruppen nah verwandter Gene fand man heraus, dass diese in mindestens einer Aufsammlung mehr Mitglieder enthielten, d. h. es war in den entsprechenden Aufsammlungen zu Vervielfältigungen dieser Gene gekommen. Des Weiteren fand man 1941 Gene, welche nicht im Genom der Referenzaufsammlung *Col-0* (das zuerst sequenzierte und danach stetig verbesserte *Arabidopsis thaliana* Genom stammt aus der Aufsammlung Col-0) enthalten waren (Jiao und Schneeberger 2020).

Betrachtet man diese Zahlen, dann zeigt sich, dass man nicht sagen kann: „Das *Arabidopsis thaliana* Genom wurde im Jahr 2000 entschlüsselt". Vielmehr muss man sagen „Eines von vielen *Arabidopsis thaliana* Genomen wurde entschlüsselt." Um all diese leicht unterschiedlichen Genome einzuschließen wurde ein neuer Begriff geboren. Man spricht nun vom Pangenom, dem Genom einer Art. In diesem sind die essentiellen Gene enthalten, welche man in allen sequenzierten Individuen findet. Daneben gibt es dann Gene, welche sich nur in dem ein oder anderen Individuum wiederfinden. Man spricht vom akzessorischen Genom oder „verzichtbaren" Genen. Wie stark die Genome verschiedener Individuen voneinander abweichen legt fest ob es ein überschaubares Pangenom gibt oder ob dieses eine nicht abschätzbare Größe annehmen kann. Dabei scheint die Pangenomgröße davon beeinflusst zu werden, wie divers die Lebensräume sind, welche von einer Art eingenommen werden können (diese Erkenntnis stammt aus der Forschung an Bakterien, denn ursprünglich kommt von dort das Konzept des Pangenoms; Tettelin et al. 2005).

Mit den sich stetig verbesserten Sequenziermethoden wird es in Zukunft immer einfacher werden komplette Genome zu sequenzieren und auch zweifelsfreier zu assemblieren. Mit der steigenden Anzahl an sequenzierten Genomen auch höherer Organismen werden pangenomische Studien zunehmen und wertvolle Einblicke in die Genomevolution in Bezug auf Geninventar geben. Dies ist alleine schon aus Sicht des Grundlagenforschers hochinteressant, hat jedoch auch einen praktischen Nutzen für Züchter, da sich oft Gene mit Funktionen in der Stressabwehr unter den „verzichtbaren" Genen befinden, diese aber einen großen Wert bei der Züchtung resistenterer Sorten haben (Bayer et al. 2020).

Was Sie aus diesem *essential* mitnehmen können

- pflanzliche Genome sind sehr dynamisch: sie ändern ihre Größe und Chromosomen ändern ihre Struktur
- im Laufe der Evolution haben Pflanzen ihr Erbgut mehrfach vervielfacht und dadurch z. B. neue Gene hervorgebracht
- repetitive Elemente machen einen großen Prozentsatz des Pflanzengenoms aus und können die Genexpression beeinflussen
- selbst innerhalb ein und derselben Art ist die Genzusammensetzung individuell unterschiedlich, die Gesamtheit aller Gene einer Art inklusive der individuellen Gene bezeichnet man als Pangenom

C. Kiefer, *Genomevolution bei Pflanzen*, essentials,
https://doi.org/10.1007/978-3-658-33025-5

Glossar

Allel Version eines Gens, welche sich durch Mutationen von einer anderen Version unterscheidet

Aminosäure Baustein der Proteine/Eiweiße

Aneuploidie die Anzahl der Chromosomen ist nicht gerade

Annotation „Beschriftung" der aufgefundenen Gene in einer Genomsequenz

Allopolyploid Polyploidie nach Hybridisierung zweier Organismen

Apomixis ungeschlechtliche Fortpflanzung über Samen

Assembly „Zusammenbau" der sequenzierten DNA-Fragmente zu langen DNA-Strängen

Autopolyploid durch Vervielfältigung der DNA des selben Organismus hervorgegangene Polyploidie

Aufsammlung manchmal auch als Akzession (engl. accession) bezeichnet. Entspricht einem bestimmten Individuum, welches in der Natur gesammelt wurde.

Base es gibt vier Basen in der DNA, Adenin, Thymin, Cytosin und Guanin. Sie bilden mit Desoxyribose und einem Phosphatrest zusammen ein Nukleotid

Basischromosomenzahl größter gemeinsamer Teiler der Chromosomenzahl einer Gruppe nah verwandter Arten

Chromosom kompakt verpackte DNA, entweder ringförmig in Bakterien oder mehr oder wenig X-förmig in Pflanzen und Tieren; besteht aus

Chromatide Hälfte eines Chromosoms

Deletion Entfernen eines oder einiger bis vieler DNA-Bausteine

DNA Erbinformation, bestehend aus vier unterschiedlichen Nukleotiden

Diploid Chromosomensatz zweifach vorhanden

Euchromatin leicht zugänglicher Teil des Genoms (DNA locker gepackt)

C. Kiefer, *Genomevolution bei Pflanzen*, essentials,
https://doi.org/10.1007/978-3-658-33025-5

Epigenetisch chemische Veränderungen der DNA, welche nicht auf Mutationen beruhen, aber dennoch an Tochterzellen weitergegeben werden können

Exon kodierender Bereich eines Gens

Expression Ablesen eines Gens; es wird eine mRNA Kopie erstellt, welche als Vorlage zur Proteinbiosynthese dient. Je mehr mRNA Kopien erstellt werden, desto mehr Protein wird auch hergestellt. Werden viele mRNA Kopien erstellt spricht man von hoher Expression.

Gene Space Gesamtheit aller Gensequenzen in einem Genom

Haploid nur eine Kopie des Chromosomensatzen ist vorhanden

Heterochromatin dicht verpackte DNA

Indel Vergleicht man zwei DNA-Sequenzen, dann hat eine Sequenz ein bis mehrere Basen mehr als die andere. Es ist also je nach Blickwinkel eine Insertion (Einfügung) oder Deletion (Entfernung) von DNA-Bausteinen.

Insertion Einfügung von DNA-Bausteinen

Intron nicht-kodierender Bereich eines Gens; liegt zwischen Exons

Inversion DNA-Fragment wird ausgeschnitten und umgekehrt wieder eingefügt.

Kolinearität siehe Synthenie

Meiose Zellteilung bei der Keimzellbildung

Mitose Zellteilung somatischer Zellen

mRNA Boten-RNA; über das Enzym RNA-Polymerase wird eine Kopie eines Gens erstellt. Diese Kopie wird noch weiter verarbeitet (Ausschneiden der Intronsequenzen, ggf. Anfügen von Cap und Tail Sequenzen) und dient dann als Vorlage für die Proteinbiosynthese

Nukleosom DNA-Strang gemeinsam mit Oktamer aus Histonproteinen

Nukleotid Base (A, T, C, G) zusammen mit Desoxyribose und Phosphatrest

Pangenom Genom einer Art; schließt die von allen Individuen geteilten Gene sowie alle Gene, die nur in einzelnen Individuen gefunden werden ein

Phänotyp Aussehen eines Organismus

Ploidie Anzahl der Chromosomensätze in einem Zellkern (siehe auch haploid oder diploid)

Polyploid es sind mehr als zwei Chromosomensätze im Zellkern vorhanden

Promotor regulatorische Sequenz mit Bindestellen für Transkriptionsfaktoren und andere Proteine vor dem Start eines Gens

Repetitives Element sich wiederholende DNA-Sequenz

Sequenzierung Ablesen der Basenreihenfolge eines DNA-Fragmentes

SNP Single Nucleotide Polymorphism = Punktmutation; Austausch einer Base gegen eine andere

Synthenie Gleiche Reihenfolge von Genen auf zwei DANN Fragmenten unterschiedlicher Herkunft.

Transkriptionsfaktor Protein, welches an die Promotorsequenz binden kann und dadurch Das Ablesen des folgenden Gens aktiviert

Translokation Positionsänderung eines DNA-Fragments im Genom

Transposon „springendes Gen“; Sequenz, welche unter Vervielfältigung ihrer selbst den Ort im Genom ändern kann

Zentromer Punkt, an welchem die beiden Schwesterchromatiden eines Chromosoms aneinandergeheftet sind

Literatur

Barakat, A., Carels, N., Bernardi, G. 1997. The distribution of genes in the genomes of Gramineae. Proc Natl Acad Sci U S A. 94: 6857–6861.

Bateson, W. 2009. Mendel's Principles of Heredity – A Defence, with a Translation of Mendel's Original Papers on Hybridisation. Cambridge University Press, ISBN 978-1-108-00613-2.

Bayer, P.E., Golicz, A.A., Scheben, A. *et al.* 2020. Plant pan-genomes are the new reference. *Nat. Plants* 6: 914–920. https://doi.org/10.1038/s41477-020-0733-0.

Bennetzen, J.L., Ma, J., Devos, K.M. 2005. Mechanisms of recent genome size variation in flowering plants. *Ann Bot*. 95: 127–132. https://doi.org/10.1093/aob/mci008.

Bennetzen, J.L., Wang, H. 2014. The contributions of transposable elements to the structure, function, and evolution of plant genomes. Annu Rev Plant Biol. 65: 505–30.

Bewick, A.J., Ji, L., Niederhuth, C.E., Willing, E.M., Hofmeister, B.T., Shi, X., et al. 2016. On the origin and evolutionary consequences of gene body DNA methylation. *Proc. Natl. Acad. Sci. U.S.A.* 113: 9111–9116. https://doi.org/10.1073/pnas.1604666113.

Birchler, J.A. 2013. Aneuploidy in plants and flies: The origin of studies of genomic imbalance. Seminars in Cell & Developmental Biology 24: 315–319.

Brachi, B., Morris, G.P., Borevitz, J.O. 2011. Genome-wide association studies in plants: the missing heritability is in the field. *Genome Biol* 12: 232. https://doi.org/10.1186/gb-2011-12-10-232.

Bräutigam, K., Cronk, Q. 2018. DNA Methylation and the Evolution of Developmental Complexity in Plants. Frontiers in Plant Science 9: 1447. https://doi.org/10.3389/fpls.2018.01447.

Brownfield, L., Köhler, C. 2011. Unreduced gamete formation in plants: mechanisms and prospects, *Journal of Experimental Botany* 62: 1659–1668.

Carels, N., Barakat, A., Bernardi, G. 1995. The gene distribution of the maize genome. Proc Natl Acad Sci U S A. 92: 11057–11060.

Chen, M., Tan, Q., Sun, M. *et al.* 2016. Genome-wide identification of *WRKY* family genes in peach and analysis of *WRKY* expression during bud dormancy. *Mol Genet Genomics* 291**:** 1319–1332. https://doi.org/10.1007/s00438-016-1171-6.

Choi, K., Henderson, I.R. 2015. Meiotic recombination hotspots – A comparative view. Plant J, 83: 52–61. https://doi.org/10.1111/tpj.12870.

C. Kiefer, *Genomevolution bei Pflanzen*, essentials,
https://doi.org/10.1007/978-3-658-33025-5

Connett, M.B. 1986. Mechanisms of maternal inheritance of plastids and mitochondria: Developmental and ultrastructural evidence. *Plant Mol Biol Rep* 4: 193–205. https://doi.org/10.1007/BF02675411.

Corneillie, S., De Storme, N., Van Acker, R., Fangel, J.U., De Bruyne, M., De Rycke, R., Geelen, D., Willats, W.G.T., Vanholme, B., Boerjan, W. 2019. Polyploidy Affects Plant Growth and Alters Cell Wall Composition Plant Physiology 179: 74–87. https://doi.org/10.1104/pp.18.00967.

Corral, J.M., Vogel, H., Aliyu, O.M., Hensel, G., Thiel, T., Kumlehn, J., Sharbel, T.F. 2013. A conserved apomixis-specific polymorphism is correlated with exclusive exonuclease expression in premeiotic ovules of apomictic *Boechera* species. Plant Physiol. 163: 1660–1672.

Dart, S., Kron, P., Mable, B. 2011. Characterizing polyploidy in *Arabidopsis lyrata* using chromosome counts and flow cytometry. Canadian Journal of Botany 82: 185–197. https://doi.org/10.1139/b03-134.

Darwin, C. 1859. On the Origin of Species by Means of Natural Selection, or the Preservation of Favoured Races in the Struggle for Life (1st ed.). London: John Murray. LCCN 06017473. OCLC 741260650.

Delph, L.F., Kelly, J.K. 2014.On the importance of balancing selection in plants. *New Phytol.* 1: 45–56. https://doi.org/10.1111/nph.12441.

Devos, K.M., Brown, J.K., Bennetzen, J.L. 2002. Genome size reduction through illegitimate recombination counteracts genome expansion in *Arabidopsis*. Genome Res. 12: 1075–1079.

Doyle, G.G. 1986. Aneuploidy and inbreeding depression in random mating and self-fertilizing autotetraploid populations. Theor Appl Genet. 72: 799–806.

Edger, P.P., Poorten, T.J., VanBuren, R. et al. 2019. Origin and evolution of the octoploid strawberry genome. Nat Genet 51**:** 541–547.

Francis D. 2007. The plant cell cycle--15 years on. New Phytol. 174: 261–278. https://doi.org/10.1111/j.1469-8137.2007.02038.x. PMID: 17388890.

Freeling, M. 2009. Bias in plant gene content following different sorts of duplication: tandem, whole-genome, segmental, or by transposition. Annu. Rev. Plant Biol. 60: 433–453.

Göbel, U., Arce, A.L., He, F., Rico, A., Schmitz, G., de Meaux, J. 2018. Robustness of Transposable Element Regulation but No Genomic Shock Observed in Interspecific *Arabidopsis* Hybrids. *Genome Biol Evol.* 10: 1403–1415. https://doi.org/10.1093/gbe/evy095.

Goff, S. A. , Schnable J. C., and Feldmann K. A. 2014. The evolution of plant gene and genome sequencing *In* Paterson A. [ed.], Genomes of herbaceous land plants, 47–90. Academic Press, Cambridge, Massachusetts, USA.

Hellsten, U., Wright, K.M., Jenkins, J., Shu, S., Yuan, Y., Wessler, S.R., Schmutz, J., Willis, J.H. *and* Rokhsar, D.S. 2013. Fine-scale variation in meiotic recombination in Mimulus inferred from population shotgun sequencing. Proc. Natl Acad. Sci. USA 110: 19478–19482.

Henry, I.M., Dilkes, B.P., Miller, E.S., Burkart-Waco, D., Comai, L. 2010. Phenotypic consequences of aneuploidy in *Arabidopsis thaliana. Genetics* 186:1231–1245. https://doi.org/10.1534/genetics.110.121079.

Hernandez-Garcia, C.M., Finer, J.J. 2013. Identification and validation of promoters and cis-acting regulatory elements. Plant Science 217–218: 109–119.

Hidalgo, O., Pellicer, J., Christenhusz, M., Schneider, H., Leitch, A., Leitch, I. 2017. Is There an Upper Limit to Genome Size? Trends in Plant Science: 22. https://doi.org/10.1016/j.tplants.2017.04.005.

Hu, T.T., Pattyn, P., Bakker, E.G. et al. 2011. The *Arabidopsis lyrata* genome sequence and the basis of rapid genome size change. *Nat Genet*. 43: 476–481. https://doi.org/10.1038/ng.807.

Jiao, Y., Wickett, N.J., Ayyampalayam, S., Chanderbali, A.S., Landherr, L., Ralph, P.E. et al. 2011. Ancestral polyploidy in seed plants and angiosperms. Nature 473: 97–100.

Jiao, Y., Paterson, A.H. 2014. Polyploidy-associated genome modifications during land plant evolution. Philos Trans R Soc Lond B Biol Sci. 369: 20130355. https://doi.org/10.1098/rstb.2013.0355.

Jiao, W.B., Schneeberger, K. 2020. Chromosome-level assemblies of multiple *Arabidopsis* genomes reveal hotspots of rearrangements with altered evolutionary dynamics. *Nat Commun* 11: 989. https://doi.org/10.1038/s41467-020-14779-y

Johnston, J.S., Pepper, A.E., Hall, A.E., Chen, Z.J., Hodnett, G., Drabek, J., Lopez, R., Price, H.J. 2005. Evolution of genome size in Brassicaceae. Ann Bot 95: 229–235.

Jones, R.N. 1995. Tansley Review No. 85 B chromosomes in plants. New Phytologist 131: 411–434.

Kashkush, K., Feldman, M., Levy, A.A. 2003. Transcriptional activation of retrotransposons alters the expression of adjacent genes in wheat. Nat. Genet. 33: 102–106.

Kantama, L., Sharbel, T.F., Schranz, M.E., Mitchell-Olds, T., de Vries, S., de Jong, H. 2007. Diploid apomicts of the *Boechera holboellii* complex display large-scale chromosome substitutions and aberrant chromosomes. Proceedings of the National Academy of Sciences 104: 14026–14031; https://doi.org/10.1073/pnas.0706647104.

Kidwell, M., Lisch, D. 2001. Perspective: transposable elements, parasitic DNA, and genome evolution. Evolution 55: 1–24.

Kiefer, C., Willing, E.-M., Jiao, W.-B., Sun, H., Piednoël, M., Hümann, U., Hartwig, B., Koch, M.A., Schneeberger, K. 2019. Interspecies association mapping links reduced CG to TG substitution rates to the loss of gene-body methylation. Nature Plants. https://doi.org/10.1038/s41477-019-0486-9.

Kyriakidou, M., Anglin, N.L., Ellis, D. et al. 2020. Genome assembly of six polyploid potato genomes. Sci Data 7: 88. https://doi.org/10.1038/s41597-020-0428-4.

Leitch I.J., Kahandawala I., Suda J., Hanson L., Ingrouille M.J., Chase M.W., Fay M.F. 2009. Genome size diversity in orchids: Consequences and evolution. Ann. Bot. (Lond.) 104: 469–481.

Li, M., Li, G., Liu, W. *et al.* 2019. Genome-wide analysis of the *NF-Y* gene family in peach (*Prunus persica* L.). *BMC Genomics* **20:** 612. https://doi.org/10.1186/s12864-019-5968-7.

Lodish, H., Berk, A., Zipursky, S.L. et al. 2000. Molecular Cell Biology. 4th edition. New York: W. H. Freeman. Section 8.1, Mutations: Types and Causes.

Loewe, L. 2008. Genetic mutation. Nature Education 1(1):113.

Loewe, L. 2008. „Negative selection". Nature Education. 1 (1): 59.

Lukhtanov, V. 2015. The blue butterfly Polyommatus (Plebicula) atlanticus (Lepidoptera, Lycaenidae) holds the record of the highest number of chromosomes in the non-polyploid eukaryotic organisms. Comparative Cytogenetics. 9: 683–690.

Lynch, M., Conery, J.S. 2000. The evolutionary fate and consequences of duplicate genes. Science 290: 1151–1155. https://doi.org/10.1126/science.290.5494.1151.

Lysak, M.A., Fransz, P.F., Ali, H.B., Schubert, I. 2001. Chromosome painting in *Arabidopsis thaliana*. *Plant J*. 28: 689–697. https://doi.org/10.1046/j.1365-313x.2001.01194.x.

Lysak, M.A., Pecinka, A. & Schubert, I. 2003. Recent progress in chromosome painting of *Arabidopsis* and related species. *Chromosome Res* 11: 195–204.

Lysak, M.A., Koch, M.A., Pecinka, A., Schubert, I. 2005. Chromosome triplication found across the tribe Brassiceae. *Genome Res*. 15: 516–525. https://doi.org/10.1101/gr.353 1105.

Lysak, M.A., Berr, A., Pecinka, A., Schmidt, R., McBreen, K., Schubert, I. 2006. Mechanisms of chromosome number reduction in *Arabidopsis thaliana* and related Brassicaceae species. *Proc Natl Acad Sci U S A*. 103: 5224–5229. https://doi.org/10.1073/pnas.051079 1103.

Lysak, M.A., Koch, M.A., Beaulieu, J.M., Meister, A., Leitch, I.J. 2009. The Dynamic Ups and Downs of Genome Size Evolution in *Brassicaceae, Molecular Biology and Evolution* 26: 85–98. https://doi.org/10.1093/molbev/msn223.

Lysak, M., Koch, M.A. 2011. Phylogeny, Genome, and Karyotype Evolution of Crucifers (Brassicaceae). In Genetics and Genomics of the Brassicaceae. New York: Springer Science+Business Media, 2011. p. 1–31, 31 pp. Plant Genetics and Genomics: Crops and Models, 9. ISBN 978-1-4419-7117-3.

Madlung, A., Tyagi, A.P., Watson, B., Jiang, H., Kagochi, T., Doerge, R.W., Martienssen, R., Comai, L. 2005. Genomic changes in synthetic *Arabidopsis* polyploids. Plant J.: 41: 221–30.

Mau, M., Corral, J.M., Vogel, H., Melzer, M., Fuchs, J., Kuhlmann, M., de Storme, N., Geelen, D., Sharbel, T.F. 2013. The conserved chimeric transcript *UPGRADE2* is associated with unreduced pollen formation and is exclusively found in apomictic *Boechera* species. Plant Physiol. 163: 1640–1659.

Mandáková, T., Joly, S., Krzywinski, M., Mummenhoff, K., Lysak, M.A. 2010. Fast diploidization in close mesopolyploid relatives of *Arabidopsis*. *Plant Cell*. 22: 2277–2290.

Mandáková, T., Schranz, M.E., Sharbel, T.F., de Jong, H., Lysak, M.A. 2015. Karyotype evolution in apomictic *Boechera* and the origin of the aberrant chromosomes. Plant J. 82: 785–793. https://doi.org/10.1111/tpj.12849. Correction in Plant J. 90: 217.

Mandáková, T., Hloušková, P., Koch, M.A., Lysak, M.A. 2020. Genome Evolution in Arabideae Was Marked by Frequent Centromere Repositioning. *Plant Cell*. 32: 650–665. https://doi.org/10.1105/tpc.19.00557.

Martin, W.F., Garg, S., Zimorski, V. 2015. Endosymbiotic theories for eukaryote origin. *In:* Philosophical Transactions of the Royal Society of London B: Biological Sciences 370: https://doi.org/10.1098/rstb.2014.0330.

Massa, A.N., Wanjugi, H., Deal, K.R., et al. 2011. Gene space dynamics during the evolution of *Aegilops tauschii, Brachypodium distachyon, Oryza sativa*, and *Sorghum bicolor* genomes. *Mol Biol Evol*. 28: 2537–2547. https://doi.org/10.1093/molbev/msr080.

Matsuoka, Y. 2011. Evolution of Polyploid Triticum Wheats under Cultivation: The Role of Domestication, Natural Hybridization and Allopolyploid Speciation in their Diversification, Plant and Cell Physiology, 52: 750–764.

McClintock, B. 1984. The significance of responses of the genome to challenge. Science 226: 792–801.

Mercier, R., Mézard, C., Jenczewski, E., Macaisne, N., Grelon, M. 2015. The Molecular Biology of Meiosis in Plants. Annual Review of Plant Biology 66: 297–327

Meyerowitz, E.M. 1992. In: Methods in Arabidopsis Research. Koncz C, Chua N H, Shell J, editors. Singapore: World Scientific; 1992. pp. 11–118.
Miura, A., *et al.* 2001. Mobilization of transposons by a mutation abolishing full DNA methylation in *Arabidopsis*. *Nature* 411: 212–214.
Molles, M.C. 2010. Ecology Concepts and Applications. McGraw-Hill Higher Learning.
Nagaharu, U. 1935. Genome analysis in Brassica with special reference to the experimental formation of B. napus and peculiar mode of fertilization. Japan. J. Bot. 7: 389–452.
Oyama, R.K., Clauss, M.J., Formanová, N., Kroymann, J., Schmid, K.J., Vogel, H., Weniger, K., Windsor, A.J., Mitchell-Olds, T. 2008. The shrunken genome of *Arabidopsis thaliana*. Plant Syst Evol 273: 257–271.
Paterson, A.H., Bowers, J.E., Chapman, B.A. 2004. Ancient polyploidization predating divergence of the cereals, and its consequences for comparative genomics. Proc. Natl Acad. Sci. USA 101: 9903–9908.
Pereira, A.M., Coimbra, S. 2019. Advances in plant reproduction: from gametes to seeds. *Journal of Experimental Botany:* 70: 2933–2936. https://doi.org/10.1093/jxb/erz227.
Pray, L., Zhaurova, K. 2008. Barbara McClintock and the discovery of jumping genes (transposons). Nature Education 1:169.
Pucker, B., Holtgräwe, D., Stadermann, K.B., Frey, K., Huettel, B. et al. 2019. A chromosome-level sequence assembly reveals the structure of the *Arabidopsis thaliana Nd-1* genome and its gene set. PLOS ONE 14: e0216233. https://doi.org/10.1371/journal.pone.0216233.
Rawat, V., Abdelsamad, A., Pietzenuk, B. et al. 2015. Improving the Annotation of *Arabidopsis lyrata* Using RNA-Seq Data. *PLoS One*. 2015 10: e0137391. https://doi.org/10.1371/journal.pone.0137391.
San Miguel, P., Bennetzen, J.L. 1998. Evidence that a recent increase in maize genome size was caused by the massive amplification of intergene retrotransposons. Ann. Bot. 82: 37–44
Schimper, A.F.W. 1883. Über die Entwicklung der Chlorophyllkörner und Farbkörper. *Bot. Z.* 41: 102–113.
Schranz, M.E., Lysak, M.A., Mitchell-Olds, T. 2006. The ABC's of comparative genomics in the Brassicaceae: building blocks of crucifer genomes. *Trends Plant Sci.* 11: 535–542. https://doi.org/10.1016/j.tplants.2006.09.002.
Schwarzkopf, E.J., Motamayor, J.C., Cornejo, O.E. 2020. Genetic differentiation and intrinsic genomic features explain variation in recombination hotspots among cocoa tree populations. *BMC Genomics* 21: 332. https://doi.org/10.1186/s12864-020-6746-2.
Seymour, D.K., Gaut, B.S. 2019. Phylogenetic shifts in gene body methylation correlate with gene expression and reflect trait conservation. Mol. Biol. Evol. https://doi.org/10.1093/molbev/msz195.
Sharbel, T.F., Mitchell-Olds, T., Dobes, C., Kantama, L., de Jong, H. 2005. Biogeographic distribution of polyploidy and B chromosomes in the apomictic *Boechera holboellii* complex. *Cytogenet Genome Res.* 109: 283–292. https://doi.org/10.1159/000082411.
Shirasu, K., Schulman, A.H., Lahaye, T., Schulze-Lefert, P. 2000. A contiguous 66-kb barley DNA sequence provides evidence for reversible genome expansion. Genome Res 10: 908–15.
Sinha, B.M.B., Srivastava, D.P., Jayakar, J. 1979. Occurrence of Various Cytotypes of *Ophioglossum reticulatum* L. In a Population from N. E. India. Caryologia 32: 135–146.

Sumner, A.T. 2002. Chromosomes: Organization and Function. Verlag: Blackwell Science Ltd. ISBN-10: 0632054077/ISBN-13: 978-0632054077.

Takuno S., Gaut, *B.S.* 2012. Body-methylated genes in *Arabidopsis thaliana* are functionally important and evolve slowly. Mol. Biol. Evol. 29: 219–227. https://doi.org/10.1093/molbev/msr188.

Tettelin, H., Masignani, V., Cieslewicz, M.J., Donati, C., Medini, D., Ward, N.L. et al. 2005. Genome analysis of multiple pathogenic isolates of Streptococcus agalactiae: implications for the microbial "pan-genome". Proceedings of the National Academy of Sciences of the United States of America. 102: 13950–5.

The Arabidopsis Genome Initiative 2000. Analysis of the genome sequence of the flowering plant *Arabidopsis thaliana. Nature* 408: 796–815. https://doi.org/10.1038/35048692.

Tian, D., Wang, P., Tang, B., Teng, X., Li, C., Liu, X., Zou, D., Song, S., Zhang, Z. 2020. GWAS Atlas: a curated resource of genome-wide variant-trait associations in plants and animals, *Nucleic Acids Research* 48: D927–D932, https://doi.org/10.1093/nar/gkz828.

Wang, X., Gowik, U., Tang, H., Bowers, J.E., Westhoff, P., Paterson, A.H. 2009. Comparative genomic analysis of C4 photosynthetic pathway evolution in grasses. Genome Biol. 10: R68 (https://doi.org/10.1186/gb-2009-10-6-r68).

Wang, X.-L., Zhong, Y., Cheng, Z.-M., Xiong, J.S. 2015. Divergence of the bZIP Gene Family in Strawberry, Peach, and Apple Suggests Multiple Modes of Gene Evolution after Duplication. *International Journal of Genomics.* Article ID 536943. https://doi.org/10.1155/2015/536943.

Weijerman, M.E., de Winter, J.P. 2010. Clinical practice. The care of children with Down syndrome. European Journal of Pediatrics. 169: 1445–1452.

Walden, N., German, D.A., Wolf, E.M. *et al.* 2020. Nested whole-genome duplications coincide with diversification and high morphological disparity in Brassicaceae. *Nat Commun* 11**:** 3795. https://doi.org/10.1038/s41467-020-17605-7.

Watson, J.D., Baker, T.A., Bell, S.P., Gann, A., Levine, M., Losick, R. 2010. Watson Molekularbiologie. Das molekulare Grundwissen der Biologie (Pearson Studium – Biologie). ISBN 10: 3868940294/ISBN 13: 9783868940299.

Wijnker, E., Velikkakam, J.G., Ding, J. et al. 2013. The genomic landscape of meiotic crossovers and gene conversions in *Arabidopsis thaliana.* Elife 2: e01426.

Wood, T.E., Takebayashi, N., Barker, M.S., Mayrose, I., Greenspoon, P.B., Rieseberg, L.H. 2009. The frequency of polyploid speciation in vascular plants. Proc Natl Acad Sci USA 106: 13875-13879. https://doi.org/10.1073/pnas.0811575106.

Xiong, Y., Eickbush, T.H. 1990. Origin and evolution of retroelements based upon their reverse-transcriptase sequences.EMBO J.9: 3353–62.

Zhebentyayeva, T., Shankar, V., Scorza, R. *et al.* 2019. Genetic characterization of worldwide Prunus domestica (plum) germplasm using sequence-based genotyping. Hortic Res 6: 12.

Zicola, J., Liu, L., Tänzler, P. *et al.* 2019. Targeted DNA methylation represses two enhancers of *FLOWERING LOCUS T* in *Arabidopsis thaliana. Nat. Plants* 5: 300–307. https://doi.org/10.1038/s41477-019-0375-2.

Printed in the United States
By Bookmasters